浙北水乡古镇民居建筑文化

张新克 著

中国建筑工业出版社

图书在版编目（CIP）数据

浙北水乡古镇民居建筑文化／张新克著. —北京：中国建筑工业出版社，2016.1
ISBN 978-7-112-18783-6

Ⅰ. ①浙…　Ⅱ. ①张…　Ⅲ. ①民居-建筑艺术-浙江省
Ⅳ. ①TU241.5

中国版本图书馆CIP数据核字（2015）第278842号

责任编辑：郑淮兵　王晓迪
责任校对：张　颖　姜小莲

浙北水乡古镇民居建筑文化
张新克　著
*
中国建筑工业出版社出版、发行（北京西郊百万庄）
各地新华书店、建筑书店经销
北京锋尚制版有限公司制版
北京云浩印刷有限责任公司印刷
*
开本：880×1230毫米　1/32　印张：7⅛　字数：179千字
2016年6月第一版　2016年6月第一次印刷
定价：48.00元
ISBN 978-7-112-18783-6
（28002）

自 序

偶遇古镇，是在2003年的夏天。时隔两年，我有幸来到嘉兴学院工作，有了更多的机会接触古镇。有位记者朋友经常下乡镇采访，熟知嘉兴文化。在他的引导下，我开始了真正的嘉兴古镇之旅，其中有以发展旅游而著名的乌镇、西塘，也有深藏于现代新城镇背后、几乎被人遗忘的王店古镇、新塍古镇、濮院古镇、王江泾古镇、崇福古镇、石门古镇。这些古镇建筑虽然破旧不堪，但却让人们看到古镇过去的真实面貌。历史不再重演，建筑却谱写着古镇特定时期的经济发展状况、生活习俗、宗教文化和人文精神。古镇曲径通幽的小巷、弄堂，沉着冷静、黑白相间的建筑、纵横交错、缓缓流淌的河水，构筑巧妙、多姿多彩的小石桥都深深地吸引着我，直入心灵深处。因为对古镇痴迷，我查阅资料得知，与嘉兴毗邻的湖州地区也遗存不少明清市镇。随后，我的足迹遍布了湖州地区的古镇，其中包括古属湖州、今归杭州管辖的京杭运河重镇塘栖。休闲式的漫游使我和浙北古镇结下了不解之缘，激发了我用文字和图片记录古镇的想法，撰写了《浙北水乡古镇民居建筑文化》一书，很荣幸的是该书获得2012年教育部人文社科研究项目经费资助。

在撰写本书的过程中，可参考的相关研究资料不多，除了亲临古镇进行建筑考察、拍摄照片、向当地居民请教之外，还要到图书馆查阅古籍资料。嘉兴图书馆古籍文献丰富，为我顺利开展工作提供了保障。本书涵盖的内容量较大，以水乡的形成、人文环境和历史发展进程为出发点，探讨浙北古镇民居建筑的分类、空间构成、建筑特征、装饰艺术、宗教文化以及古镇民居的现状及保护方案。工作量之大，对于首次撰写书籍的我来说还是有些难度。有句话叫“笨鸟先飞”，我从不放过工作之余的一点一滴时间，也没充分享受节假日，最终换来了小小的收获，苦尽甘来，颇感欣慰。

目 录

导　言

文化通过其地域和环境差异，时代变迁，地方风俗习惯等多种因素体现出来。建筑作为人类居住的空间，不同地域的建筑展示着不同的民俗文化、人文思想和营造法则。

浙北水乡古镇是指杭州、嘉兴、湖州三地区的历史古镇。杭嘉湖平原，自古以来水多、易泛滥，经过历代不断的治理和水道疏浚，平原呈现河网纵横、四通八达，三里一村、十里一镇，村村临河、镇河相连的水乡奇异景观。生活在杭嘉湖平原的古镇人们依水而居，古镇也因水成市。京杭大运河从中贯通也为浙北地区明清市镇的发展提供了基础条件，在陆路不发达的年代，密集的河网成为带动每个市镇经济发展的主要通道。南北货船在此通行或驻留交换商品，也使异地文化与吴越文化有了交融的机会。因而古镇民居建筑除了按照南方地理、气候环境和人文思想进行设计而呈现独特性之外，建筑中的雕刻艺术和装饰还透露着丰富而深厚的文化内涵，形成了独特的浙北水乡古镇民居建筑文化。经过四年的调查和研究发现，目前这一地区现存的历史古镇有10余座，这些古镇建筑在一定程度上保持着原有的风貌，且有异曲同工之处，体现出明显的地域性特征，具有研究的价值和意义。

一、研究意义

1．浙北水乡古镇民居建筑是浙北地区古镇农工商文明的见证者。浙北地区的古镇民居建筑可以分为三类：一是商住两用式建筑，主要是普通居民、小商业和手工业者的前街后河式民居；二是代表着富商巨贾的宅邸建筑；三是代表着文人士大夫的小园林式建筑。这些民居建筑是市镇面貌的真实写照，也是市镇经济繁荣发展的象征。古镇民居建筑不仅体现了浙北水乡人们的市井生活气息、传统民俗文化、社会经济状况，而且从侧面反映了古镇人们积极的生存观。

2．浙北水乡古镇民居建筑是儒、道、佛传统文化精神的载体。雕刻是凝固的语言。通过雕刻艺术不但能触及历史，而且还能了解古代的人文思想。从外在空间看，河岸两边的揽船石雕刻，使人们更多地了解船对于水乡的作用以及价值；从内在空间看，通过砖雕门楼的匾额和纹样可以认识江南文人士大夫对儒家忠孝礼义廉耻的推崇，通过门楣及梁枋雕刻可以看到儒、道、佛思想精神的多元融合及特有的审美情趣。

3．古镇民居建筑是人文历史的积淀和反映。古镇聚落中的一砖一瓦、一户一牖、一街一巷、一桥一河、一廊一骑楼等都是重点研究的对象，它们是研究古镇历史的活化石，是展现真实生活面貌的直接物证。对第一手资料进行搜集和调研，可以跨越时空与古人对话，认识过去；对现存古镇建筑的构造和设计特征研究，可以准确地触及当时的历史、时代风貌、风俗人情、人文思想等，以补充相关书籍和文献内容的不足。

4．因地制宜是浙北水乡古镇聚落形成特色的关键，道法自然是古镇构成形态的依据。在浙北水乡古镇中，中国传统"天人合一"观得到了真正的运用和发扬。通过浙北水乡古镇民居聚落空间构成形态的研究，可以了解传统建筑遵循的法则和结构形态的灵活变化，同时也可以了解建筑布局遵循自然地势的变化，以容纳更多的人居住在市镇。

5．浙北水乡古镇民居建筑的风格特征是杭嘉湖平原地域文化的代表，是历史文化遗产的重要部分。杭嘉湖平原与江苏毗邻，吴越文化的交融对当地居民建筑产生了一定的影响，建筑的布局、结构、装饰可以反映建造者和使用者的精神。通过对建筑艺术风格的探讨，可以让人们更加清晰地认识吴越文化的精髓。

二、研究内容

1．水生态环境对于古镇选址与布局的影响

在河网稠密、湖塘罗列的杭嘉湖平原上，人们为了生存和生产，长期以来一直进行着不懈的治水活动，他们疏浚河道、开凿塘浦，加上自然变

化形成的河汊，构成了五里七里一纵浦、七里十里一横塘的水网体系。浙北地区古镇均是因水而生、因水成市。如乌镇、石门、崇福、王江泾、新市、唐栖、南浔均连接着京杭运河，而市镇内的水巷、小河道均与周围各乡里村落的河道相连。一定意义上，河道的通畅和大小决定了古镇经济发展的状况。

2. 古镇民居建筑的空间构成形态研究

浙北传统古镇是方圆十里的乡里人和吴越商人进行商品买卖、文化交流的中心，它的整体外部形态、建筑构造等无不透露着其实际作用和价值。在经济发达的时代里，城镇以新的建筑形态展现在人们的面前，而饱经沧桑、曾为古镇经济繁荣作出重大贡献的民居聚落成为了历史的文化景观。古镇民居建筑的门、窗、砖雕，街、弄堂、水阁、河埠头、揽船石、石桥、过街楼等都是民居聚落不可分割的构成元素，它们不但展示着过去的区域经济发展水平，而且还充分体现了浙北地区的民俗民风和巧妙的建筑建造技术。

3. 市井百姓生活中的商住式民用建筑特点分析

商住式建筑大多为单体式。各家建筑墙体天衣无缝的结合，连绵起伏的屋檐，统一的色彩和材料，略有差别的门窗、屋脊、翘角、统一的外观造型犹如一幅展开的水墨画卷。浙北水乡古镇的商住民居一般分为三类。一是前街后河式。常见于商业规模不大的地方，建筑后面紧靠河岸，前面临街，一般为两层，一楼商用，二楼居住。二是前街后院式。建筑前面临街，纵向向屋后延伸，形成小弄堂，小天井式的院落为生活活动场所；三是前店后作坊式。在发达的市镇，商铺贵如黄金，作为手工业作坊，既需要一定的制作空间，又需要商品买卖空间，为了降低成本，商铺临街，作坊在后。

4. 文人士大夫思想影响下的小园林式建筑的成因

文人士大夫的思想和审美情趣不同于普通民众，他们崇尚自然，寄情于山水之间。但因地理条件的限制，只能在方寸之地构建小园林，以满足生活、会客之需求。园林虽小，却五脏俱全，山水花木、亭台楼阁缺一不可。园林代表着文人的雅趣、生活情调与低调的处事态度。

5. 浙商兼容并蓄开放思想影响下的宅第建筑特色

与普通民居和园林建筑有所不同，分布在浙北水乡古镇中的宅第建筑，具有外中内西的中西合璧风格。从建筑的外观看，白墙黑瓦与普通民居格调统一，只是布局稍大。建造思想上也仍然保持浙北传统民居建筑的风格，但步入庭院视觉上会截然不同。院内是中式园林与西式罗马柱的交相辉映。厅内更加别有洞天，窗子上镶嵌的是五彩缤纷、华丽富贵的法国彩色玻璃窗，地板是亮丽夺目、永不褪色的马赛克。中西合璧是商贾宅第的普遍特征，一方面反映了浙商对外经济贸易的硕果，也从另一个角度展现了浙商外抑内扬，兼容并蓄的精神。

6. 儒、释、道等宗教文化影响下的建筑装饰艺术

建筑作为人类居住的空间，是人类的物质生活和精神庇护所。人们把喜欢的内容以雕刻的形式在建筑上表现出美的精神和概念，同时也借助于不易剥落和毁坏的雕刻方法为自己提供更持久的精神庇护所。建筑从外观到内部装饰、从材料到工艺，都反映出美的理念和思想，以达到祛邪避凶、教化感人的目的。中国千年的文化深深地影响着古镇民居的生活，从民居聚落中可以感受到道家的“朴素自然”观、儒家的“理想道德”观以及佛家“求平安”的精神。

7. 传承历史、保护在即

建筑因历史传承、积淀深厚、发展脉络清晰，与人们的生活融为一体，是人们物质需求的根本。但随着建筑技术的提高，中国传统建筑的发展受到了西方混凝土建筑的极大挑战，很少有新的木石构建作为住宅而建，很多居住在古建筑中的居民也奔向由冷冰冰的钢筋混凝土围合的空间。于是，古镇民居建筑有的破败不堪，有的遭到无章法的改造，用“面容憔悴、面目全非”形容也不为过。仅有一小部分古建筑保存较好，将其记录入书籍，以供建筑爱好者欣赏，希望能为研究者、爱好者提供有用的材料，它们也由此可能成为永久的记忆。

第一章

浙北水乡古镇聚落的成因及沿革

浙北是浙江省北部的简称，主要指杭州、嘉兴、湖州一带，泛指位于太湖以南、钱塘江和杭州湾以北、天目山以东的地区，由长江和钱塘江夹带的泥沙冲积而形成。该地区地势低平，湖、河密集，土壤肥沃，气候湿润、温和。独特的地理环境使浙北平原地区形成了稻作文明、植桑养蚕、水塘养鱼等生产特色。历史上的浙北平原曾经是官方的重要粮仓、丝绸的盛产地，有“天下粮仓”、“丝绸之府”和“鱼米之乡”的美誉。星罗棋布的河网，京杭大运河的穿越，大小汊河、湖、塘、港等互相贯通，滋养了邻水而构的市镇（图1–1）。

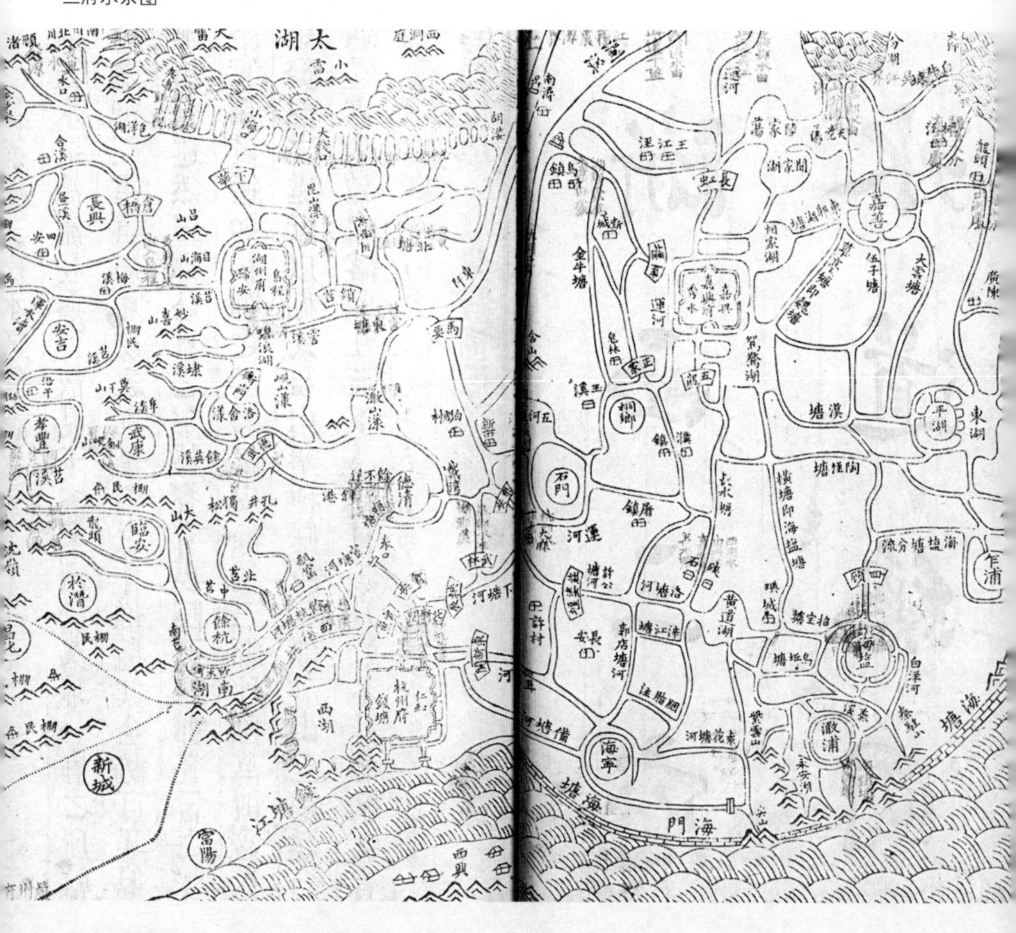

图1–1　杭嘉湖三府水系图

丰富的水资源孕育了这一地区光辉灿烂的文明。浙北平原的早期文明可上溯到新石器时代。考古发现了距今7000年左右的马家浜文化、6000年左右的崧泽文化和5000年左右的良渚文化。在历史文化层中，稻作文明已显雏形，粮食作物以籼米和粳米为主。陶纺轮、陶鼎、陶盘、陶碗，玉琮、玉杖、玉镯等物品成为这一地区早期文明的象征。农业文明推动了商品经济的繁荣。至明清时期，浙北地区市镇林立，手工业及商业经济发展迅速，形成了蔚为壮观的市镇群。现存历史古镇有湖州的南浔、双林、新市、练市及嘉兴的乌镇、崇福、西塘、王店、濮院、王江泾、新塍等。其依水构筑、因水成市，均是较为典型的水乡古镇。

第一节　浙北水网系统基本概况

地理环境对浙北平原的农业生产、水利设施及工程建设、城镇的空间形态与布局有着重要的影响。嘉兴、湖州地区历史上以水乡、泽国而著称，实际上与浙北地区南高北低的地势关系密不可分。嘉湖两地大部分地处低洼，天目山之来水分流而形成若干支流、湖泊，同时嘉兴长水塘等主要河道与杭州的水道皆有相通。

明代王士性《广志译》卷4《江南诸省》中载：

杭嘉湖平原水乡，是为泽国之民……舟楫为居，百货所聚，闾阎易于富贵，俗尚奢侈。[1]

其中，“泽国”准确概括了杭嘉湖湖多、地少的地理特征。独特的地理环境、丰富的水源构成了浙北地区复杂的水网系统。

另有顾炎武《天下郡国利病书》卷2载：

① 陈学文. 嘉兴城镇经济史料类纂，引自明代王士性《广志译》，1983：33

府境之水，其大者三：曰漕渠（俗称运河）曰长水塘；曰海盐塘。而漕渠最大。隋·大业庚午炀帝发众凿渠，拟道龙舟。起余杭，尽京口，广十余丈，胜千斛之舟。本朝用为孔道，入府境历崇德、桐乡、秀水三县，凡一百二十七里。①

这段文字形象地说明了嘉兴的水环境和居民的生活方式和风俗化。

再看湖州水道：

每遇阴雨连绵，万山倾倒而注于湖郡，顷泛滥横流，全凭北面之三十九溇港，太湖以为蓄也，又支分而东由南浔之东塘，乌镇之澜溪，西出平望及莺脰湖，又东南一角分流秀水石门、桐乡之边境，故九霞山长云，吴郡之水不患，其源不通，而患其流之不也，凡苏、松兴利之处，即吴兴去害之由，斯言可谓扼要矣。②

由此可见，湖州府内水流更为丰富，万山之水包括天目山北的绝大部分溪流，流经湖州形成三十九港，最终蓄于太湖。另有一部分分支流经吴江平望，嘉兴之境汇入苏、松，流入东海。从以上可以得知，嘉兴、湖州二府均为水道发达之地。简单地讲浙北平原主要受天目之水影响，水网更加密集、丰富，地理环境与构造区别于苏、锡、常等地。

明代弘治《嘉兴府志》卷2载：

嘉兴为浙西大府，巨海环其东南，具区浸其西北。左杭右苏，襟溪带湖，四望如砥。海滨广斥，盐田相望，镇海诸山，隐隐列拱；百川环绕，而鸳湖一湖，停蓄其南，诚为泽国之雄，江东一都会也。③

明弘治年间，嘉兴为浙西（在古代的地理区域，嘉湖被划分为浙

①（清代）辑：王凤生. 图：胡德璐. 浙西水利备考. 湖州府水道图说. 道光四年刻朱墨套印本：14–15.

②（清代）辑：王凤生. 图：胡德璐. 浙西水利备考. 湖州府水道图说. 道光四年刻朱墨套印本：14–15.

③ 陈学文. 嘉兴城镇经济史料类纂［G］. 引自明代弘治《嘉兴府志》卷2. 1983.

西）较大的行政单位，东南有大海环绕，整个区域位于西北，处于杭州和苏州之间，湖、溪连环贯通，周边地势低下，水道丰富，为泽国之首。

从表面上看，浙北地区的自然河道纵横交错，密若渔网。但丰富的水网并不完全由自然形成，古籍文献资料足够清晰地还原了嘉兴、湖州水乡的特征，以及古镇形成的缘由（图1–2）。

若要追溯嘉、湖两地的水生态环境，必须从杭、嘉、湖三地地形解析。

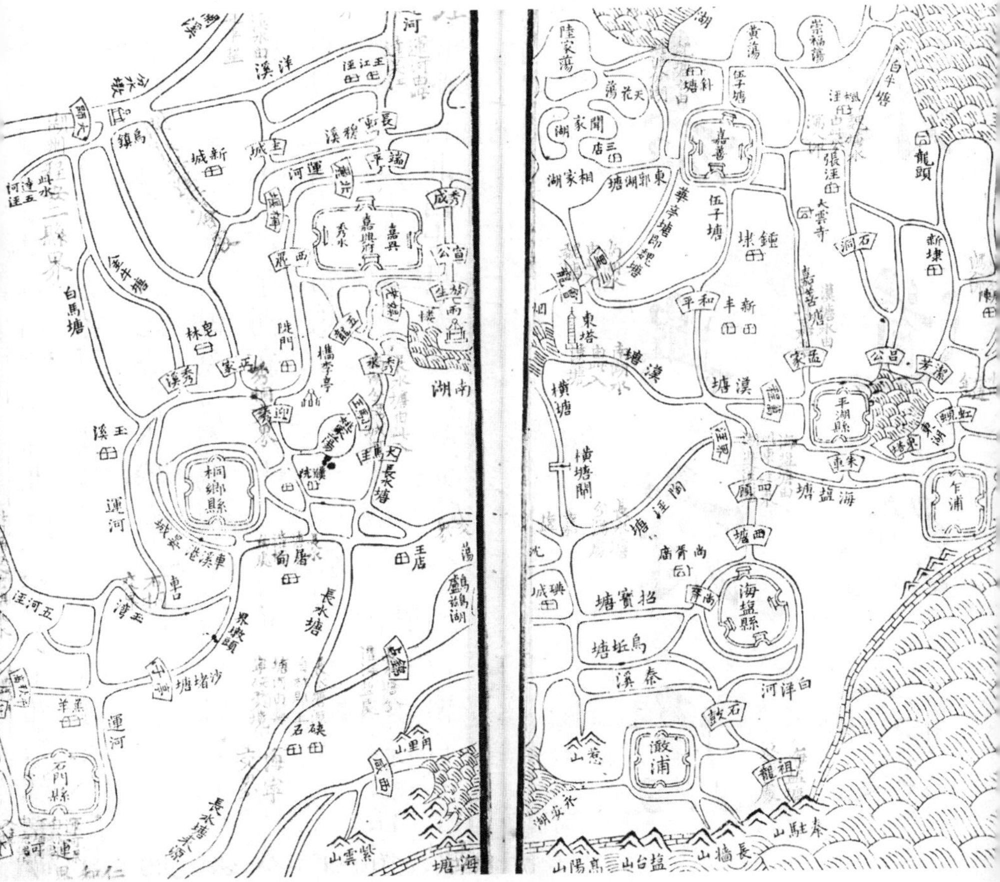

图1–2 嘉湖两府水道图

明人张邦彦对杭嘉湖地理趋势的评价为：

杭州则上流也，嘉则杭之分流也，至湖则引天目诸山之水，独汇于太湖，譬则釜底也。[①]

从上面这段话中可知，杭嘉湖三地，杭州地势最高、嘉兴次之、湖州北部最低。

杭州之水来自临安、余杭、富阳三县地区，万山为水道发源之地，近以棚民租山恳种阡陌，将山刨松。一遇阴雨沙随水落，倾注而下，溪河日淀月干，不能容纳，辄有泛滥之虞与湖郡之。[②]

杭州府城的河道之水来自于临安、余杭，而万山是水道的发源地，因为近期流民开山种田，使山地土质松散，遇到雨天，泥沙随水而下，河水溢满堤岸，湖州府常有水涝。水涝成为人们生活的隐患，为了疏浚水道，历代政府把治水视为重中之重。清朝专门派官员负责治水，并详细地记载了水道系统、治水策略，最终形成《浙西水利备考》一书，为看清楚杭嘉湖的关系网提供了有力的证据（图1-3）。

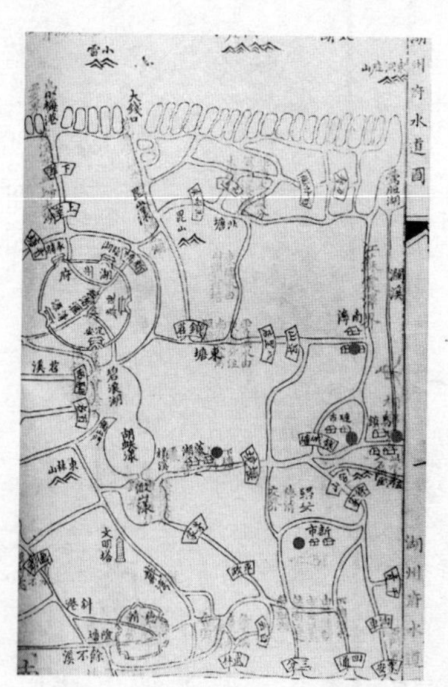

图1-3　古镇水道图

《浙西水利备考》中记载：

自出杭郡之水有三：一曰苕溪，一曰西溪，一曰西湖。苕溪源于天目山之阳，自临安县境分为两道。入余杭县界，益以北苕水，为三道，至瓶窑镇，入钱塘县境，合而为一，历安溪奉口、直注德清县名曰余不溪，自县城分流，一经归

① （清代）辑：王凤生．图：胡德璐．浙西水利备考．道光四年刻朱墨套印本．14–15.
② （清代）辑：王凤生．图：胡德璐．浙西水利备考，道光四年刻朱墨套印本：12–13.

安县境至钱山漾、一会武康沙村水、至归安县之杭山门，大会于湖郡之碧浪湖。名曰霅溪。又分两支，一会孝丰来水由昆山漾、大钱港归太湖；一会乌程郭西湾，水由南浔达平望是为苕溪之干流，又由余杭县城郭伍桥、又南湖滚坝分流为余杭塘河，出卖鱼桥、入杭州运河是为苕溪之支流。西溪自小和诸山来源凡七支注为河，出八字桥，与西湖及余杭塘河水会，出北新关入运河西湖，自武林诸山来源，凡八支停潴为湖，由涌金水门、环带沟、流福沟进水，灌注城内，交支河及下塘河出江涨桥，与西溪及余杭塘河水合流汇注杭州运河，越德清界，经石门、桐乡、秀水三县境为嘉郡运河，出长虹桥至王江泾达江苏吴江之平望。又有运河分支，自武林，三分众安等桥，经德清、归安出钱山漾，至乌程泻于大钱、南浔。又有西湖之水由各闸渗泻坝面漫涌，汇蓄为上塘河、抵海宁州境溢入下游即为海宁下塘河，西达石门入嘉郡曰长水塘，直泻魏塘由嘉善县泖湖并分注秀水运河出平望。杭郡水道分灌于嘉湖之情形也。①

从杭嘉湖流势之记载可知，杭嘉湖为唇齿之邦，杭州为上流，嘉兴、湖州分流之，虽然湖州有一部分水直接引自天目之水，但在东北部却受杭来之水，由此可见，杭嘉湖水道有的间接相通，有部分直接相通。如果没有杭州之水，也可能不会有水乡泽国的称号。

丰富的水资源、复杂的水网系统成为浙北平原的主要特色，人们的生活也围绕着水而有序展开。据史料记载，自春秋以来，天然的水网造就了杭嘉湖以水道交通为连接方式，以舟代车，以楫为马。天然的水道形成回环连贯的交通网，使三郡更加密不可分。正是得益于连贯通畅的水网系统，浙北平原古镇才有了交流的机会和发展的空间。纵横交织的河道使城城相连、镇镇相通、

①（清代）辑：王凤生，图：胡德璐. 浙西水利备考，道光四年刻朱墨套印本：12–14.

村村相邻，人们以河道为媒介进行生活、生产，从事经济活动及商品交换。从以下文字不难看出市镇与市镇的关系。

雪溪一名西儵水，发源于天目之阳，经临安、余杭、出瓶窑镇至奉口、陡门入德清县境，后与其他河俱汇于之横溪，又下塘河水一进三分桥过柔育桥，东环桥至新市小南栅，一进四通桥过河墩漾，一进大麻众安桥经油车桥中分二支，东越石门县界，又直北至新市南栅出东栅为徐家桥入归安县、含山桥东分一支通石门之五河泾，又东分一支由桐乡境入乌镇之南栅，又北出钱城桥迤东经练市过安凤桥至乌镇西栅由通济桥出太师桥、归澜溪而入莺脰湖直北过马要桥东出东塘至南浔迤东……①

雪溪经过分流之地沟通了三县、七镇，纵横交错、回环贯通的水道系统不仅拉近了县与县之间的距离，同时还连接了众多市镇。水道交通的连接使市镇之间的商品流通更加频繁，市镇与市镇之间还有专门的航船往来。通过航船表能清晰地看到通过河道进行沟通的市镇（图1–4、图1–5）。

航船一览表

各大航船自有快班船后，乘客极少，商装货必赖航船，以其船大能载重也。

船别	本镇停泊埠头	班期
上海船	北栅油车汇	十日一班
上海船	南栅浮拦桥	同上
苏州船	北栅白娘子桥	七日一班
震州船	中市印家桥境	每日一班
硖石船	修真观前	同上
双林船	中市印家桥境	同上
南浔船	同上	同上
嘉兴船	修真观前	隔日一班
南浔船	西栅花园头	每日一班
湖州船	同上	同上
练市船	南栅嵇家汇	同上
桐乡船	颜家巷口	同上
新市船	祝家巷口	隔日一班
崇德船	同上	同上
杭州船	浮拦桥外	四日一班
海宁船	浮拦桥境	每日一班
新塍船	卖鱼桥境	同上
盛泽船	同上	隔日一班

快船一览表

凡开快班船均系绍籍人，两橹一桨行驶极速，为旅客所欢迎，开埠或经过及到达必鸣小锣，俗呼为当当船。

船别	经过地点	本镇停泊埠头	班次
王店船	濮院	印家桥境	每日一次
湖州船	马腰、横街	同上	同上
震泽船	严墓	二井桥	同上
湖州船	双林、涟市	同上	同上
嘉兴船	新塍、涟市	同上	同上
塘栖船	新市、涟市	同上	同上
南浔船	乌镇、炉头、桐乡、屠甸镇、硖石	宫桥北	一来一往
长安船	南浔、乌镇、炉头、石湾、崇德	经过乌镇不停遇趁客傍岸	每日来往
桐乡船	炉头	浮沚桥境	同上
崇德船	石湾	同上	同上
硖石船	乌镇、炉头、桐乡、屠甸镇	二井桥	隔日一次
善练船	琏市	同上	每日一次
濮院船	石谷庙	印家桥境	同上
湖州船	马腰横街	二井桥	每日一次

图1–4　通向乌镇的航船一览表　图1–5　各市镇互通的快船一览表

①（清代）辑：王凤生，图：胡德璐．浙西水利备考，道光四年刻朱墨套印本：4–5.

当然，天然的河道并非按照人们的意愿而形成，河道从高往低流是客观存在的事实。在低洼的地方，阴雨天气容易河水泛滥，常常因为不能及时泄洪而淹没附近的村庄及农田。因此人工筑防洪堤、改造河道是必须之举。以农业经济为主的浙北平原，水害影响了人们正常的生活。尽管早已形成了“桑基鱼塘”的农业规模，但也只能缓解一部分地区免受洪水威胁，若遇大雨、山洪暴发，便不能控制洪水泛滥的局面，官方治理水道便成为这一地区的主要活动。人工参与治理水道，可以上溯至秦朝。作为天下粮仓的杭嘉湖平原，雨季易水涝，官方根据季节及生产需要进行水道疏浚，同时进行水道设计，竭力贯通南北航运通道。有史料记载，自春秋时期，吴国就开始了大规模的治水，开通了江南河，当时主要是用于军事用途的水道疏浚。另有史料记载，三国时吴国国君孙权亲临今嘉兴北郊农田考察水稻长势状况。此后，为了大面积种植水稻，大规模疏浚了水道，这是历史上较大规模的一次人工疏浚。

江南运河的开通谱写了中国历史上的伟大篇章。虽然最初的目的较为复杂，或作为吴越战争物资之通道，或作为经济往来的河道。随着历史不断向前发展，隋代时，江南运河航运和大运河的贯通，不仅解决了水涝的问题，而且处于京杭大运河水网系统上的城镇互相沟通、彼此交流，使古镇的物资由此走向全国，古镇因此也吸引过往商客驻足。至宋元明清时期，江南运河是沟通城与城，镇与镇之间的重要枢纽之一。

江南运河与京杭大运河的疏通，成为日后浙北平原市镇发展的基础，古代，水路作为主要的交通通道，对地方经济贸易起着不可替代的作用。如下所见：

嘉湖泽国，商贾舟航，易通各省。

纵横交错，舟车货财广阜，居民有赖。[①]

① 陈学文. 嘉兴城镇经济史料类纂[M]. 引自明代顾炎武《肇域志浙江》. 1983: 44.

河道的通畅也成为家族之间联姻的桥梁，中国文学巨匠茅盾的故乡位于乌镇，其姑姑的婆家钱氏则位于新市，钱氏为五代吴越国王钱镠的后裔，家族自五代聚居此地，繁衍生息。古代联姻门当户对当值首选，但交通的便利也起着关键作用，便于日常往来。

丰富的水网是浙北水乡古镇对外沟通的媒介，也是浙北水乡古镇形成的基础。历史犹如无声的录影机，不仅见证着古镇的发展、繁荣，以及衰败，同时见证了一次又一次的治水运动。驳岸上不同色泽、被河水拍打的石头上留下的痕迹可以知晓古镇水环境改造的历史。浙北水乡是自然与人合力的结果。水与建筑的交相辉映，协调统一。

第二节 浙北历史市镇的遗存与分布

一、市镇的设立及分布

乾隆《湖州府志》卷15《村镇》载：

田野之聚落曰村，津涂之凑集则为市为镇。

由此可知，乾隆时期，村和镇已有明显的区分。而市和镇常并存而置。市又称为“集市”、“墟市”、“集墟”。是定期在固定地点进行商品买卖的市场，可以在村、镇、县等不同行政单位设置。市是社会经济发展到一定阶段的产物，是为了满足人们生活需求而产生的买卖市场，最早可以上溯到史前人们聚集进行商品交换的场所。而镇相对于市出现得较晚，中国古代的区域划分因朝代变迁而不同。镇是在特定历史环境下产生的新的行政区域，行政级别大于村、小于县。镇一般设驻军，维护一方安全，镇的选址一般是人口聚集之地。行政职能的设置，使集市和镇融为一体，简称“市镇”。

有关市镇设置较早见于唐代。宋代镇的设置已较为普遍。详细史料记载于南宋。

“南宋吴自牧《梦粱录》记临安（今浙江杭州）附近有15个市镇，今人考证尚不只此数。又宝庆《四明志》记鄞县有市镇18，慈溪县有16，定海县有13；景定《建康志》记全府有淳化等14镇、汤泉等20余市。北方由于战乱，经济一度萧条，但据《金史·地理志》记载，金章宗时已有5京、176府州、632县、488镇。”浙北平原市镇亦有着深厚的历史，其建立时间早晚不一，大部分为手工业市镇，大多繁荣于明清时期。据统计，明清江南地区有蚕桑与丝织专门市镇25个，包括唐栖、硖石、南浔、菱湖、双林、王江泾、濮院、盛泽、震泽等著名市镇；除盛泽、震泽之外，其余均位于浙北平原。此外，还有以冶铁著称的嘉兴炉头镇等，以陶业著称的嘉兴千家窑、杭州瓶窑镇等。

二、古代嘉兴市镇分布

明代，嘉兴已为浙西之大府，京杭运河上的重要城市。

巨海环其东南，具区浸其西北。首尾吴越，左杭右苏，平原衍壤，襟溪带湖，海滨广斥，盐田相望，镇海诸山，隐隐列拱，百川环绕，支流万千，相错如绣，诚为泽国之雄，江东一都会也。[①]

由于嘉兴府辖地较广，古为吴越交接地，历史上有一部分市镇曾为吴国管辖，又归属过越国，受双方文化影响，风俗文化丰厚、独特，因此有“吴根越角”之称。又因处于平原，湖河相拥，纵横交错，东临大海，中通运河，四通八达，位于苏杭之中

① 陈学文. 嘉兴府城镇经济资料类纂[M]. 转自弘治《嘉兴府志》卷2：6.

间，有得天独厚的地理优势。

从古代嘉兴府道路发展可窥见当时水陆交通状况和地理位置优势。《至元嘉禾志》卷1载，陆路“东至松江府一百二十里。西至崇德县九十五里五十步。东南至海盐县九十里。西北至平江路吴江县一百二十里”；水路“东至青龙镇一百九十五里。西至湖州乌程界七十里。南至海盐县九十里。东北至平江路吴江县一百二十里十步”。其水路连接市镇，市镇与方圆10里左右的村相连，水路形成回环流通的交通，方便来往于府、县、镇、村。

在水、陆交织的区域内，嘉兴府下辖嘉兴县、秀水县、崇德县、嘉善县、海盐县、平湖县。

嘉兴县为古檇李之地。本名长水县，在郡南一百四十里，宋元明俱属嘉兴府，下辖王店、新丰、钟带、新杭四镇。

秀水县本嘉兴县地，明宣德四年……析嘉兴西北五福等乡为秀水县，在府治西北一里。镇有王江泾、新城、濮院、陡门四镇。①

宣德五年……割嘉兴东北境为嘉善县，建治魏塘镇，凡一百八十有六里。镇有风泾镇、魏塘镇、陶庄镇、玉带镇、斜塘镇。②

海盐县在郡东南二百二十里。镇有澉浦镇、沈荡镇、宁海镇。③

《康熙平湖县志》卷1载：

平湖古为当湖镇，系海盐县治。宣德五年三月二日戊辰分置嘉兴府四县，以海盐当湖镇为平湖县。

平湖县隶属嘉兴府，县位于嘉兴府东南，下设广陈镇、乍浦镇、新带镇、新仓镇、旧带镇、芦沥市、钱家带镇、徐家带镇。

崇德县，元代辖青镇，明仅设石门市、洲钱市、语儿市。④

---

① 陈学文. 嘉兴府城镇经济史料类纂[M]. 转自弘治《嘉兴府典故纂要》卷2：85.
② 陈学文. 嘉兴府城镇经济史料类纂[M]. 转自弘治《嘉善县志》卷1：175–177.
③ 陈学文. 嘉兴府城镇经济资料类纂[M]. 转自弘治《嘉兴府志》卷2：271–273.
④ 陈学文. 嘉兴府城镇经济资料类纂[M]. 转自康熙二十一年《嘉兴府志》卷1 1983：241.

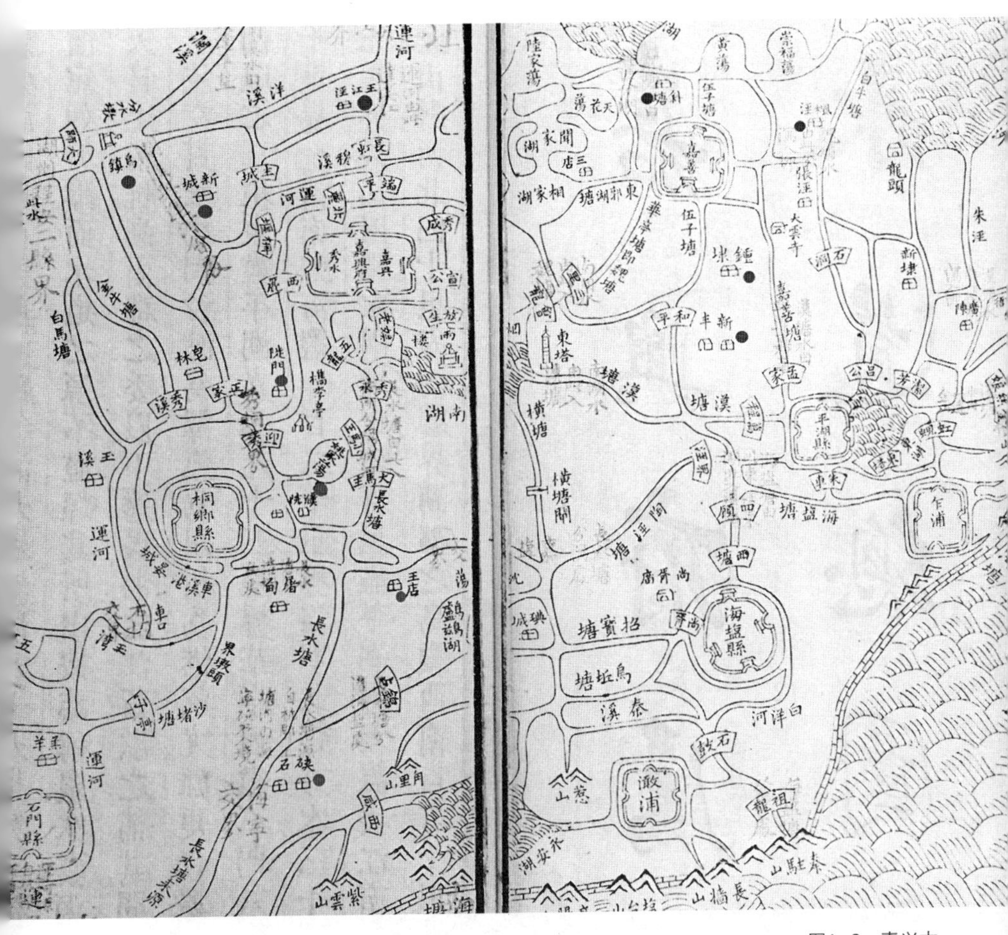

图1–6　嘉兴古镇分布图

以上主要以明代为背景列出部分古镇，到了清代，其归属有所变化，例如青镇在清代归属桐乡县，迄今沿用。也有部分古镇今天已不再是经济强镇，故下文不再赘述。现代嘉兴的辖区与明代大抵相同，变化较大的是陆路交通高速发展，缩短了往返里程，而水路的距离相差无几。总括嘉兴地区建筑遗存较好的历史市镇分别为青镇、乌镇、西塘、濮院、新塍、王店、王江泾（图1–6）。

三、古代湖州市镇分布及现代遗存的古镇

市镇的多寡与地方经济有直接的关系。浙北市镇大多为手工业市镇，其缘起于独特的地理环境、温暖的气候和优越的地理位置。

浙以西擅富强，自唐更五季至宋南渡，而吴兴去宋行都最近，苕雪两水分贯郡城，宋诸王公钟鸣鼎食，邸第相望，舟车往来，烟火相接……①

宋南渡后，湖州府因近都城临安，其发展迅速，经济繁荣。

湖州府与嘉兴府毗邻，位于太湖之南、浙北平原西部。其西南以山区为主，境内之水有三大溪，天目山之霅溪、苕溪分别贯穿郡城，区域地势西南高、东北低，水流纵横交错，舟车往来，连接各镇。

天顺《明一统志》卷40载：

江表大郡，吴兴第一。山泽所通，舟车所会，雄于楚越。南国之奥，五湖之表，山水清远，江外佳郡。

湖州府因为临近宋都，其山水佳境、交通便利吸引了王公贵族定居或寓居。湖州农业发达，粮食作物产量较高，有“天下粮仓”的称号，最直接的表述为“苏湖熟、天下足”。除此之外，湖州土地宜桑麻，遍地皆桑，“尺寸之堤，必树以桑”。

乾隆《湖州府志》卷三十七载：“其树桑也，自墙下檐溪，以暨田之畔，池之上，虽惰农无弃地者。”文字清晰地再现了本地区桑蚕种植的广泛，蚕桑贸易的频繁，每到蚕丝收获时节，各地商船聚集于市镇。

唐甄《蚕教》载：

吴丝衣天下，聚于双林，吴越闽至海岛，皆来市焉，五月载银而至，委积如瓦砾。

---

① 陈学文. 湖州府城镇经济资料类纂，转自《左丞潘公政绩碑》. 1985：28

而像双林这样的繁忙景象，其他市镇也屡见不鲜，如南浔、菱湖、青镇、链市、新市、唐栖等。

明代的湖州府境下辖州一、七县二十四镇，东西相距190里，南北相距138里。

乌程县位于湖州府以东，毗邻嘉兴府桐乡县，下辖乌镇、南浔镇、菁山镇、妙喜市四镇。其中乌镇与桐乡县青镇隔河相望，形成一河立两镇。

乾隆《湖州府志》卷十五：

南浔镇在府城东七十二里，与江南震泽接境，后潘巡司移驻于此，其市各货繁盛。

德清县在湖州府东南，与嘉兴府桐乡县紧邻，下辖唐栖、新市。唐栖距杭州府一步之遥，清后归杭州府管辖，新市与嘉兴府石门县遥遥相望，而新市、唐栖、石门均属于运河上的繁荣市镇。

归安县在湖州府中东部，与吴江县交界，下辖菱湖、埭溪市、练市、双林四座市镇。其中，双林、练市与乌青镇呈三足鼎立之势，三镇的来往距离相当。

安吉州在湖州府西南部，该地区群山环绕、以蚕桑为岁计，生产茶叶、毛竹。下辖马家渎、递铺和梅溪三镇。

长兴县位于湖州府西部，太湖之滨，山水俱全。下辖四安、和平、皋塘、合溪、水口五镇。

孝丰位于湖州府西南，山区地带，与徽州宁国搭界，下辖沿干镇。

武康县山脉连绵，盛产武康紫石和武康黄石，主要供浙北平原建筑、桥梁、道路铺设之用。明代万历时没有设镇，清代同治设有上柏镇、簰头镇、三桥埠三镇。

综上所述，湖州府市镇数量可与嘉兴府匹敌，明清时期的巨镇有五。

至于市镇，如我湖归安之双林、菱湖、练市，乌程之乌镇、南浔，所环人烟小者数千家，大者万家，即其所聚，当亦不下中州郡县之饶者。[①]

湖州地区现在保护较好的市镇有南浔、新市、双林、唐栖（今属杭州市管辖）。

第三节　水生态环境对古镇选址及建筑结构布局的影响

一定程度上讲，地理环境影响着建筑结构、生活习惯和民俗文化。在水资源丰富的浙北地区，人们的生活与水休戚相关。浙北地区是由河道交织而成、纵横交错的棋盘，而城市、古镇、村落好比是偌大棋盘上面的一颗颗棋子。浙北地区的一切都被网罗在这张棋盘中，河道构成的优美长线牵连着由城镇、村落构成的点。河流构成的线沟通着市镇与城市、村落，水道成为村、镇发展和对外交流的基础。农业种植方面，水稻种植离不开水，种桑养蚕离不开水，居民出入离不开水，农业劳作离不开水。如运输肥料、粮食及农作俱依靠船；城镇工商业、手工业经济发展也依赖于水，商贾买卖离不开水，货物进出必须依靠水上通道（图1-7）。

水是农业发展的根本，水稻的普遍种植为农业经济发展奠定了坚实的基础。而原始社会稻作文明进一步证实了浙北地区丰富的水资源由来已久。随着农业经济加快发展，产品剩余，催生了剩余产品的交换场所，促使市镇出现。同时，水路交通发达，环境上佳，吸引了不少官宦、文人、世族寓居古镇，在多种合力的作用下，明清时期的浙北平原，古镇手工业作坊林

① 陈学文．湖州府城镇经济资料类纂[M]．转自茅坤《毛鹿门先生文集》卷2《与李汲泉中丞议海寇事宜书》，1985：28.

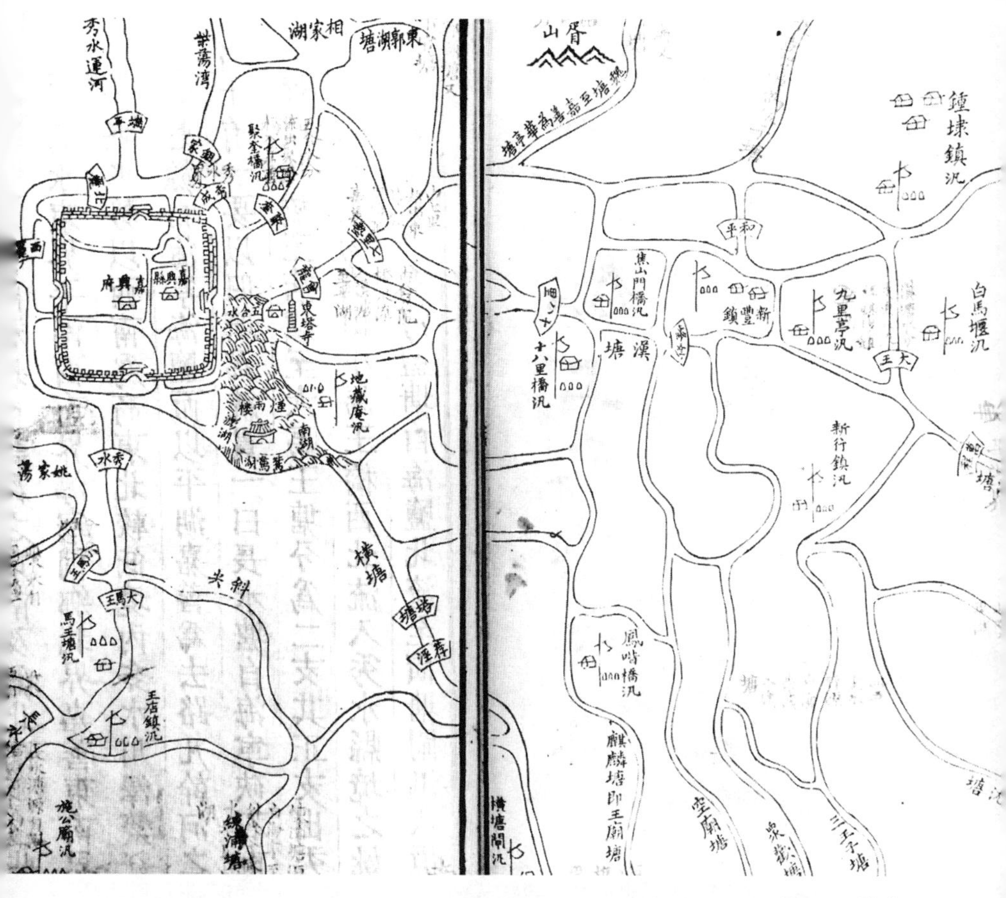

图1–7　嘉兴、湖州水道图

立，全国各地商贩、巨贾纷至沓来，进行商品的交换和买卖，有志之士踊跃参加科举考试，礼学之风兴盛。在手工业繁荣、商业经济以及文人士大夫多重作用下形成了独特的市镇经济和建筑文化。

通过光绪《嘉兴府志》中明代嘉兴市镇的记述可以看出水环境与古镇经济发展息息相关。

王店镇，去县治南三十六里，一名梅会里（至元志），嘉兴四镇之一。南距硖川二十里，长水至此分析而东，贯镇市以入海盐塘。镇居之民，夹湖成聚，为里者三。……明中叶渐盛，民物般阜，俗尚淳朴，已成一巨镇。[①]

濮院镇，……今可万余家，……居民务织绸，亦也农贾，商旅辐辏，与王江泾相匹。[②]

王江泾：县西北三十里，运河所经，为往来要冲。……俗稍刁玩，多织绸缟之利，居者可七千余家，不务耕绩。[③]

新塍镇：新塍镇其民男务居贾、兴时逐利，女攻纺织，居者可万余家，颇多儒，有登贤书者。[④]

在水多地少的古镇，水生态环境对市镇的形成、建筑的结构与设计、空间构成形态产生了重要的影响。

一、水生态环境对古镇建筑选址的影响

嘉郡泽国也，百里无山，虽乍浦九峯、澉浦九十九峯雄表海滨，宛如屏障而水道水源不尽繇，其所出按志称，众水源来自天目山矣。[⑤]

《湖州府志》第三十四卷载：

湖州之低洼素称泽国，而西南多山，水发时倾泻，特甚其大……

以上文字准确地说明了嘉兴、湖州两地的水环境。丰富的水网系统是浙北水乡古镇构成的基础，也成为古代市镇发展所需的自然环境因素。

1. 丰富的水道是村镇沟通的生命之道

对于生活在市镇的百姓来说，水除了延续生命之外，还

① （清）杨谦纂，李富孙补辑，余续补．梅里志[G]．引自中国地方志集成–乡镇志专辑19.上海：上海书店．1992：4.

② 陈学文：嘉兴城镇经济资料类纂．引自（清）金淮纂、濮镄续纂：

③ 陈学文：嘉兴城镇经济资料类纂．引自万历《秀水县志》卷1《舆地·市镇》．嘉兴市图书馆．86.

④（清）郑凤锵纂：新塍镇志．中国地方志集成–乡镇志专辑．上海：上海书店．1992．766.

⑤（清）王凤生辑，胡德璐图．浙西水利备考．道光四年刻朱墨套印本．

具有生命通道的作用。居住在市镇的人们依水构筑宅第、园林。水成为古镇人赖以生存的基础，它为人们生活提供方便之时，又因其流动、纯净等特点为生活之用。与此同时，水形成回环贯通的河道，是连接村镇、城市与古镇的主要纽带（图1–8）。

嘉兴、湖州地区现存的绝大部分古镇位于浙北平原的中部，是江南水乡河网最为密集的地区，村镇相通，水街相依，桥水相连。古镇内的小巷、汊港均与所辖村落相连，方便村民携带经济作物、手工艺品等进入市镇交换，村内的河道与水田相连，方便进行农业生产和劳作。这不但有利于农村经济发展，更重要的是可以促进市镇与市镇之间的物资交换，同时还可以对外输出物资，引进外地货物。在一定程度上，水网的发达与否决定了浙北水乡古镇的发展前景（图1–8）。

2. 京杭运河的贯通成为古镇发展经济的桥梁

丰富的河网系统除了为市镇提供方便的交通外，同时还是古镇景观的一部分。大大小小的河网在城镇中互相交织和汇聚，形成了水巷、水口和码头。

古镇内的各条河道相通，而且尽量保持镇内主要河道均直接或间接地与京杭大运河相通，市河和京杭大运河对于城镇的繁荣与稳定发展均起着不可替代的作用。因此，凡是与京杭大运河相联通的古镇均发展为浙北地区的重镇。如湖州的新市、练市与嘉兴的乌镇相通，而新市与运河相连，嘉兴境内的运河由崇福、石门经由乌镇，进入秀水，经由王江泾过吴江平望直达湖州南浔。这些古镇除了与运河相通，可以把商品运往外乡以至全国各地。如："湖州多平原水网地带，得舟楫之利，船类繁多。较大型的多为商船，乌梢船、钱塘船、行船（多挂帆布）、轮船等。"水乡有"三里一渡"之说。

a
b

（a）王店古镇主干河道图
（b）西塘古镇主干河道

图1–8　古镇主干河道

二、“道法自然”思想对建筑布局和造型的影响

河道的天然流向，制约着城镇建筑的布局。纵观浙北古镇，虽然地理环境各有特点，但城镇的布局和规划却有异曲同工之妙。浙北市镇一般都拥有水道较为宽敞的市河，建筑夹河而建，是市镇的主要出入口，市镇内的河道就是一个完整的连通器，即使居住在内河两岸的居民也方便出入市镇。因此，人们在改造或建造房屋时不约而同地遵循河道的天然走向。只有在特殊情况下才会对河道做改动，但不会改变河道特征。事实上，浙北古镇建筑如此布局正是对道家“道法自然”思想的遵守和传承。

“道法自然”出于《老子・二十五章》。《辞海》认为“道”虽生长万物，却是无目的、无意识的，它“生而不有，为而不恃，长而不宰”，意思是不把万物据为己有，不夸耀自己的功劳，不主宰和支配万物，而是听任万物自然而然地发展。否定宇宙间有意志的主宰，但又由此提出“辅万物之自然而不敢为”的主张，反对一切人为。①

通过以上文字，道法自然清楚地道明了一个问题，就是以自然之道为审美基础，力求不带任何人为的痕迹，遵从事物的运行法则。“道法自然”思想在古镇建筑中的运用可以通过以下几个方面来解释。

（一）“道法自然”与古镇建筑格局

与北方民居的“井”字形、九宫格布局不同，浙北水乡古镇民居建筑因河就势，没有固定的格局，从清代绘制的濮川古镇图可知（图1–9）。古民居建筑布局一般不改变原有的地理形态，而是根据河流的自然流动形态来确定建筑的面积、造型和外部空间结构。因此，古镇整体格局也没有固定的格式和规律。虽然没有

---

① 辞海编辑委员会．辞海［M］．上海：上海辞书出版社．1999年缩印本：301

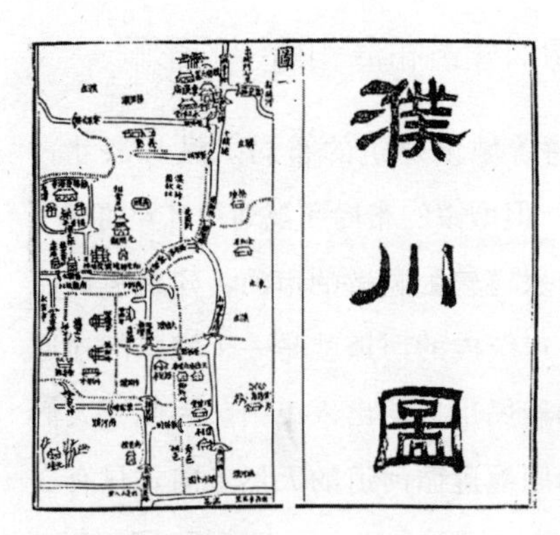

图1-9　清代绘濮川图

“井”字形的规划，但古镇并不凌乱，反倒呈现一种自然感。行走在古镇中，街巷弄堂里，时而亮堂，时而感觉幽静，其建筑群外在的造型是不一致，而且很不规则，但纵观整体建筑，外形轮廓线来看有点像一条巨龙蜿蜒曲折地游走在河岸上。

（二）“道法自然”与水阁

受地理条件的限制，浙北水乡古镇民居建筑造型一般呈长方形，由多个院落连接而成，形状像竹筒，又称竹筒形。[①]这种建筑格局取决于地理环境。水多地少是嘉湖地理环境的一大特色，为了在有限的空间内尽可能地扩大建筑内部的使用面积，智慧的古镇建筑师在沿河建筑中临河的一边构造出一种用立柱支撑的方形小屋，当地居民称之为“水阁”，又称“吊脚楼”。水阁的建造不仅使前街后河式建筑扩大了室内使用空间，同时使建筑的窗子也较为宽阔，把光线引入室内，使狭窄而纵深较长的室内空间更加亮堂（图1-10）。水阁是居住者对外沟通的空间，住户可以通过与水阁连接的河埠摇船出行，同时还可以足不出户购买生活所需用品。居住于水阁的人家，必备竹篮和绳索，通过这两个媒介进行商品交换或买卖物品（图1-11）。据当地居民讲述，每天都会有小商贩船只来往，有人需要购买物品时，货船及时停靠，买方将系有绳索的竹篮下放给卖家，同时放进一定数额的钱，卖家根据买家的需要给物品称重、找零，并放置于竹篮，买家再将竹篮

① 丁俊清，杨新平．浙江民居[M]．北京：中国建筑工业出版社．2009：89-90

图1-10　王店古镇水阁建筑

提上去。另外，在公共河道上搭建水阁，官方根据面积大小征税。因此，水阁的建造并不普遍，因经济情况而定。

图1-11　丰子恺漫画中的水阁

（三）“道法自然”与廊棚

廊者，庑出一步也，宜曲宜长则胜。古之曲廊，俱曲尺曲。今予所构曲廊，之字曲者，随形而弯，依势而曲。①

廊最初是建筑厅堂四周的附属部分，后发展成为园林中独立的建筑形式，建造因地制宜，因其势取其形，是建筑艺术中最为自由的一种形式。

---

①（明）计成著，陈植注释. 园冶注释［M］. 北京：中国建筑工业出版社. 2003：67.

廊棚建造主要为提高建筑使用面积、遮风避雨，发展到后来变成了方便往来于河埠的人们休息及纳凉的场所。第一层架空，铺设靠椅，为来往的人提供方便；第二层与建筑一起共用。这种建造既为自己提供空间，又为他人提供方便。

（a）西塘街廊　（b）南浔百间楼

图1-12　廊棚

古镇民居建筑中廊的布局如同建筑沿河自然弯曲一样，其一面与建筑交接，另一面沿河，占有的空间为来往于河埠岸上的小道（图1-12）。廊是浙北地区古民居建筑中最主要的形式之一，廊的布置没有固定的样式，造型或曲或直，或呈波形，或宽或窄，或凌驾于水上，或游走在堤岸，或穿梭于建筑之间，排列整齐的木柱支撑着青灰色瓦片，造型简洁而不单调，排列秩序井然而变化丰富，为静谧的水乡增添了活力。它使过往的人们冬天不感觉寒冷，夏季不感觉炎热，它为人们提供舒适的生活空间和观景平台，使人们与自然亲密相融，此为道法自然的最高境界。

（四）“道法自然”与街巷形态

古镇的河道并不是一成不变的，或窄或宽，或直或曲，随地形走势而变。建筑因为沿河道自然分布，形成了与河道平行的街巷形态，街巷与河道一样蜿蜒曲折，游走在两侧的建筑之间。与河道平行的街道内侧的建筑呈纵向延伸，用天井连接前后建筑，由此形成竹筒式，在适当的位置，两处竹筒式的建筑外墙夹道形成曲径幽深的弄堂。当然，古镇典型的特点是建筑布局均以主河道为中心，依水成市，因水成街，遇水成路，因此有了“水陆并行，河街相邻”的特色。

第四节　浙北水乡古镇聚落的沿革

古建筑是古镇发展过程中遗留下来的文化遗产，对于今天研究古代市镇经济、人文艺术、风俗习惯都是必不可少的佐证材料，目前在造城运动中遗留下来的建筑显得弥足珍贵。对古镇建筑文化进行研究是当务之急的大事。但要准确地认识古镇建筑文化，前提是要详细了解古镇历史沿革。

京杭大运河开凿之前，浙北平原部分市镇已经初具规模，如嘉兴的青镇、王店，湖州的乌镇、新市镇。这个阶段的古镇在城市经济发展中并不突出，而且是一般的市。随着京杭运河的开通，宋皇室迁都临安，部分士族定居于市，农业经济繁荣发展，剩余劳动力转向城镇从事手工劳动，手工业和商业呈现繁荣景象。另外，有一些市镇是随着京杭运河开通，以及宋南渡之后建立的，如濮镇、双林、王江泾、练市、南浔等。虽然这些市镇建立相对较晚，但并不能阻止它们成为雄踞一方的大镇。南浔、王江泾、濮镇就是后起之秀。为了对古镇有清晰、完整的认识，有必要认识古镇的历史发展脉络。

（一）乌青镇

乌镇是青镇和乌镇的统称。两镇相邻，一溪之隔，却分属不同的辖区，通过两镇的历史变革可以看出地理位置的重要性。

张品重建土地庙记云：

湖秀之间有镇画河为界，西曰乌镇，东曰青镇。

淳熙三年万珪青镇索度明王碑云：

秀之青墩与湖之乌墩二市相抵为一镇。

元至正四年宇文公谅青镇与德桥记云许君廷用以将军之符来守乌青墩，大德庚子赵孟頫夏氏谱序云：

湖苕雪而南路经乌戍是乌镇，之名著于唐。而析乌青而分名两镇，其灼热可考者在嘉定以后。[①]

汉高三年，定会稽属，荆十二年属吴，吴废后，隶会稽，东汉永建四年，分属浙西为吴郡，属吴，三国时属吴，永安元年，封孙皓为乌程侯，皓人嗣置吴兴郡，晋置东 元县以乌镇属之。青镇皆属嘉兴西乡也。隋开皇九年，乌程县域嘉兴并隶苏州。仁寿二年置湖州。大业间州复废，仍属苏州。唐武德四年复置湖州领乌程一县，贞观元年隶苏州，属江南道，后梁隶苏州，属吴越忠国军。后唐隶中吴府……清顺治二年，平定浙西，乌程仍属湖州府，乌程县青镇仍属嘉兴府桐乡县。雍正四年分吴江为震泽县，镇北隅隶之……[②]

因为一溪之隔，乌镇、青镇之间有着复杂的历史关系，但又有着不同的区域划分。乌镇和青镇在今天被并称为“乌青镇”，简称“乌镇”，其东栅是古时的青镇，西栅为过去的乌镇。

（二）南浔

南浔位于湖州东北部，与吴江毗邻，最初是两个村庄——南林和浔溪，后合并称为南浔。有京杭运河绕镇而行，是历史上的运河重镇、江南巨镇。明清时期达到最盛，以经营桑蚕丝为主，

① （清）卢学溥续修：乌青镇志[G]. 中国地方志集成-乡镇专辑23. 上海：上海书店. 1992：10-15.

② （清）卢学溥续修. 乌青镇志[G]. 中国地方志集成-乡镇专辑23. 上海：上海书店，1992：36.

尤以辑里丝著称，私商巨子多出于此。

南浔镇本名浔溪，又名南林。宋理宗淳祐末，立为南浔镇，迄今不改。[①]

明文徵明《夜泊南浔》：

春寒漠漠拥重裘，灯火南浔夜泊舟。

风势北来疑雨至，波光南望接天流。

百年云水原无定，一笑江湖本浪游。

赖是古人同旅宿，清樽相对散牢愁。[②]

（三）新市

新市又名仙潭。新市古镇位于德清县的东部，东距乌镇、西塘30公里，北距南浔30公里，是浙北平原上的千年古镇。新市始建于公元308年，居住此地的人为纪念他们原来的居住地——陆市而起名新市。自南朝著名道学家陆静修筑楼读书于此，道教文化蔚然兴起，其布局俨然一个城市，根据地形和水网的形态形成青龙、白虎、朱雀、玄武镇守古镇之势。道教文化也影响了建筑，现存有古建筑道场，民居建筑的翘角檐楼阁中绘有八卦图形，且不止一处。新市是京杭运河上的重镇，拥有较大的水运码头，经济贸易繁荣。其人文荟萃，是诗人吴潜的故乡，清代花鸟画家沈铨的故里。

（四）濮院

濮院为古代浙北名镇，归桐乡县辖区，北临嘉兴府，又称“濮川”。南宋时期，因河南人濮凤构筑宅院而得名。关于濮院的来历，古籍文献中有清晰的文字记载。

清《濮川镇志》卷一载：

宋高宗南渡，曲阜濮凤扈从至浙。卜居兹土，六子具膺缨爵。而孙辈继起者蝉联。至嘉定中吏部侍郎，字斗南者颇受上

---

①（清）汪日桢纂．南浔志[G]．同治二年刻本影印：8.

②（清）汪日桢纂．南浔志[G]．同治二年刻本影印：10.

宠，庆元初谢政里居诏赐其第曰濮院。

濮氏定居于此，开办书院、传播中原文化，同时还带来了先进的丝绸制造技术，因此，濮院盛产绸缎，畅销大江南北，得名濮绸。有关濮绸的记载见清代文人朱彝尊诗集《鸳湖棹歌》：

春绢秋罗软胜绵，折枝花小样争传。

舟移濮九娘桥宿，夜半鸣梭搅客眠。①

这首诗文描述了濮院盛产的丝织品，不但质量上乘，花样新，而且呈现了往来客船进入濮院，以及濮院人们辛勤劳作的场景，同时也暗示了丝织业的繁荣。

（五）王店

王店又名梅里，是古秀水四大名镇之一，位于嘉兴府的南面，盛产画绢，丝织业为支柱产业，民间灯彩别具特色，更有文人辈出，以清代著名学者、文学家、诗人朱彝尊最为有名，他以诗词创作著称，与神韵诗的开创者王士禛并驾齐驱，世人称之为“南朱北王”。在填词方面，他与“阳羡派”先驱陈维崧并称为“朱陈”，开创浙派词，编纂《词综》，树立起清代浙江词派的旗帜。王店现存有朱彝尊读书和居住处“曝书亭”。

（六）双林镇

双林镇旧名东商、东林。据附近洪城和花城古文化遗址发掘考证，早在三四千年前就有先民在此繁衍生息；汉唐时已成村落，名“东林”；南宋时，北方商贾随宋室南迁集居于此，故又称“商林”；明永乐三年（1405年）与其西二里的西林村合并，更名为双林镇，一直沿用至今。

（七）新塍

明清时期，新塍为秀水四大古镇之一，始建于唐武宗会昌元年（841年），为千年古镇。迄今保留较好的千年古寺“能仁寺”

① （清）朱彝尊，方田注释. 鸳鸯湖棹歌[M]. 杭州：浙江古籍出版社. 2012：94

香火仍盛，每年一度的庙会名扬四方。宋代盛产“南丰七曾之一”的曾布，官方曾设新塍监酒税。

（八）王江泾

王江泾因王、江两个姓氏与水道的合称而得名，为四大名镇之一，与其他几座不同的是，它位于京杭运河上浙江段的出口，位于江浙交界处，因处于交通要道，商人、文人驻足于此，或长期定居。文风颇兴，运书船来往频繁。

从各个镇志沿革中，其历史发展脉络一目了然。虽然建镇时间不同，多则上千年，少则几百年，但其中大部分市镇都是宋南渡以后发展起来的。浙北平原自古富庶、优越的地理位置和丰富的水道资源吸引了文人士大夫、官宦、世族巨室，以及商贾前来定居。名人族群的壮大、商业的发展使许多乡村剩余劳动者以及从亦农亦手工业者分离出来的专门从事手工业者移向市镇。因此，浙北市镇的形成，经历了漫长的嬗变过程。

第二章

古镇的人口结构与人文环境

中国古建筑主要分为民居建筑、宫廷建筑和园林建筑三大类，但前者与后两者有着明显的差异。民居建筑体现的是市井百姓的审美，满足的是普通百姓居住、商品交易等需求。相比较而言，它不具备宫廷建筑的雍容华贵，也没有大型园林建筑那诗情画意般的意境。民居建筑主要在于为人们提供遮风避雨的所在，是人们物质和精神的庇护所。古代市镇一般是周围乡村居民进行交流的枢纽，也是商贾聚集，文人士大夫隐居、寓居的首选之地。古镇居民人口构成的多元化，也使建筑形态呈现多种样式。

第一节　古镇居民人口构成

市镇人口组成不同于村、寨，村、寨一般以农耕为主要生活方式，而市镇则主要以商品交流和买卖为主。浙北市镇不但是商贾的聚集之所，同时也是开办手工业作坊者的首选之地，官宦、贵族的定居地、文人学士的寓居地。得天独厚的水环境是浙北市镇人口多元化、商品经济发达、崇文重教的基础。

一、普通百姓

普通百姓也称“平民”，是人们对社会上没有官职、地位和贫穷人们的统称。普通百姓是古镇人口的主要组成部分，占古镇居民人数比例较大。自古以来，人们习惯上把从事不同行业的人分为农、工、商、学、士五种。在漫长的社会进程中，受统治思想的影响，根据对社会产生的作用不同，不同阶层的人群被有区别地对待，造成了人们对最为普通人群社会作用力的忽视。

古镇的普通百姓按照其从事的职业不同可以分为手工业、缫丝业、搬运业、航运业、零售业。从事这些行业的古镇民居虽然默默无闻，但却是古镇发展的基础。在过去的浙北地区存在这样一个产业链，村落种植桑树、养蚕、缫丝，市镇有专门的作坊加工蚕丝、织成不同的布料，商人把这些丝、绸收购转卖，航运业则靠当地蚕丝业的发展而生意兴隆。

这其中一部分人，世世代代生活在自己的土地上，他们按照先民留下来的建造方式，在方寸之地构筑了属于自己的宅院。普通民居建筑没有精美绝伦的材料，没有多姿多彩的装饰，也没有宽敞的建筑庭院，它们只是以朴素自然的白墙黑瓦隐藏在深深弄堂内。

二、文人士大夫

浙北杭嘉湖一带，历史上有过两次大规模的北方世族南徙。一为东晋永嘉之乱后中原大量人口南渡，其中有一部分是当时地位显赫的士族；二为北宋末年靖康之变北方人口南迁，除了皇家贵族还有官宦、士族。这两次大规模的人口迁徙，使位于运河干流和支流的浙北古镇因地理优势涌入了大量中原士人定居，中原文化在此扎根、并与地方文化交融。例如嘉兴濮院就是因曲阜著作郎河南人濮凤定居后，其家族发展为当地望族而得名。南宋建都临安，距离京都咫尺之地，不断涌现出一批批文人学士、英雄贤达，为古镇创造了良好的文化氛围。与此同时，手工业丝织贸易的繁荣促使一部分古镇的人口猛增、区域扩大，成为雄踞一方的巨镇。

从古镇的人口构成看，文人士大夫在人数上并不占优势，但他们却是文化的传播者。他们或募资或自己出资承建书院、学堂，对公众开放教学资源，市镇好学者、有才识的贫民均可参与学习，促使当地学子通过科举考试而获得一定的社会地位。通过

《至元嘉禾志》有关嘉兴当地的科考情况：

嘉兴素好多士，冠廷封者有人，应制举者有人，登甲科者亦有人。以科举得人视他郡为最，三岁大比则群试于贡院。贡院在今北门众安桥之西，宋宣和五年罢三舍法，每科举取八名南渡，后有流寓七十五名，解元一名，绍兴丙子皆归土著，则解元十名矣，端平元年，守臣赵兴以是邦，为孝宗虹流之地援，绍兴例有请于朝，增解额为十三名……①

乌青镇志卷第六载：

户口：总计四十五万三百七十七户。儒，一千八十八户。僧，四千二百二十八户。尼，三百三十七户。道，一百五十二户。民四十五万三千四百二十九户。铺一百四十三户。

另如光绪《桐乡县志》卷1《疆域》记载：

青镇：……即科名仕宦富商巨贾亦青多而乌少，故桐邑属镇犹以青镇为膏腴。

古籍文字记载中“嘉兴素好多士”，尤慕文儒，青镇“儒，一千八十八户”。从以上引文不难看出，嘉兴地区有崇文重教、好士的习俗，并已成为地方主流文化。如果说文字记载欠缺说服力，那么现存的明清宅第、园林、桥梁、书院等即是铁证。

从浙北古镇现存的建筑样式及构造上看，文人、士大夫在古镇中只是很小的一部分，但相比其他地区的市镇，比例已算较高。以南浔古镇为例，明代文化蓬勃兴盛，各种店铺聚集于此，商业繁荣。前明中叶，科第极盛，有“九里三阁老，十里两尚书”之说，一直沿传至今。

细数浙北古镇的文人、士子，名扬四海的加起来也有上百人。乌镇昭明太子萧统，中国最早的镇志编撰者沈平，著名的理学家张杨园，著名藏书家鲍廷博，晚清翰林严辰、夏同善，南浔

① （元）单庆修，徐硕纂. 至元嘉禾志[G]//宋元地方专刊（第五册）. 上海：中华书局，2010：4462.

的董份、刘墉、刘承干、张石铭、张靖江等，王店的明清大儒朱彝尊、书画收藏家项圣谟、项元汴父子，新市的文人吴潜、清代著名的花鸟画家沈铨等，都在其列。

在现存历史古镇中，小部分明清时期文人士族的宅院尚有迹可寻，并且经过修缮，保存尚好。如王店的曝书亭，是清代文人朱彝尊的故居。如今，曝书亭是王店古镇文化的重要组成部分，成为王店强有力的一张文化名片。如此，南浔有刘承干的“嘉业藏书楼”，青镇有保存尚好、历史悠久的“昭明书院”等。这些都为古镇的人文历史增添了迷人的光彩。

三、商贾

最初，人们把做贩运贸易的叫作“商”，坐售货物的叫作“贾”，即所谓“行曰商，处曰贾”。到了春秋时期，商贾已被列为四民之一。随着农耕技术的不断发展和提高，剩余的农业产品得以在市场上交换，为商品贸易的发展提供了基础。在资本主义经济萌芽的刺激下，江南市镇的手工作坊取得了不小的成就，规模逐渐扩大，到了明清时期达到了顶峰。在农耕经济和手工作坊的双重作用下，市镇有了更大的发展空间，其壮大也为商贾提供了更多买卖的机会。

浙北市镇商业经济的发展是以农业为基础的。浙北地区农作物主要以稻作和桑蚕为主。其中，蚕桑树的种植历史悠久，养蚕是当地大部分农户的主业，因此有一系列成熟的蚕丝加工技术。在此基础上，应运而生了一批以蚕丝为产业链的经营者，他们建立手工作坊，对蚕茧进行加工缫丝，丝经过加工转换为丝绸布料，并将其运往全国各地销售，为获得更高的利润，部分丝商甚至漂洋过海到世界各地。其中，南浔丝商就是典型的代表。至清同治和光绪年间，在南浔，因经营蚕丝贸易而成为富豪者达数百家，他们所积累的财富少则数十万两白银，多则达千余万两白银之巨，在江南各镇中首屈一指。他们除致力发展蚕丝外贸外，还投资盐业、铁路、房产、地产、典当业、银钱业等，其范围包括江、浙、皖等地，特别是他们雄厚的商业资本在近代上海商场中占有重要地位，当时在上海被称为“南浔帮”的商人，其中多数是“四象、八牛、七十二墩狗”家族中的成员。[①]南浔丝商带着辑里丝走向了四面八方、五湖四海。他们把浙江丝绸传播到海外的同时，利用赚来的资金建造自己的豪宅府邸，以显富有；修寺庙道观，积德行善；建学校，惠及他人。丝商为古镇建筑的发展做出了不可磨灭的贡献，同时也使古镇声名远扬，名垂历史。除此之外，湖州的双林、新市，嘉兴的濮院、王江泾、崇福、石门、王店从事丝绸段生意的商人也不胜枚举。

以濮院为例。自宋代濮氏迁居本地后，农蚕和丝织业蓬勃发展。到了明万历年间，濮绸更加远近闻名。由于丝绸业规模不断扩大，濮院逐渐演进为“日出万绸”的丝织业专业市镇。至清康熙、雍正、乾隆年间（1662～1795年），丝绸产销进入鼎盛时期，濮院成为经营蚕桑丝织品的经济中心。其所产濮绸白净细滑、柔韧耐洗，系绸中上品，为历代皇室官宦普遍采用，在国内享有盛誉，海外闻名遐迩，繁荣绵延七百余年。在今天的濮院古街，古老的丝绸商铺建筑虽破旧不堪，但商铺门头上仍依稀可见“丝绸”二字。

通过古文献资料可以清晰地还原濮院往日的繁荣。《濮川镇志》载：

濮院镇万家灯火，民多织作绸绢为生，为都省商贾往来之会……[②]

南浔和濮院是因丝绸业而成为工商巨镇的代表，乌镇虽不如

① 沈允嘉．江南大宅——南浔遗韵[M]．杭州：浙江摄影出版社，2006：13.
②（清）金淮纂．濮川镇志[G]//中国地方镇集成——乡镇专辑．上海：上海书店，1992：223.

南浔、濮院丝绸经济发达，但它是苏、嘉、湖交界地区蚕丝原料的重要交易市场。除此之外，王江泾、新市、双林、王店也是浙北的丝绸重镇。丝绸业的发展使市镇商业繁荣。自南宋以来，王江泾是江浙两省交界处的一个丝绸集镇，方圆数十里，日出丝绸万匹，镇上店坊林立，街市繁荣，被誉为“衣被天下”的丝绸之府。古镇的文明离不开辛勤劳动的养蚕人、缫丝人、织布人，更离不开智慧的商人们，多方的共同作用使浙江丝绸名闻天下、古镇名闻四方。

今天，虽然古镇往日的经济繁荣景象已不复存在，但却留下了丰厚的建筑遗产——民居、商铺、手工作坊、宅第、园林。豪华的宅邸和园林建筑表面上是作为居住场所，实则是富有的象征，同时也是辉煌业绩的表现。

四、百工技师

《方舆胜览》中载：

唯秀介二府，旁接三江，擅湖海浴盐之利，号泽国。粳稻之乡，土膏沃饶，风俗淳秀，文贤人物之盛，前后相望，百工众技与苏杭等。

以上文字把嘉兴府地理、农业、风俗、人文、手工业特点概括得恰到好处。如果用四个字来形容，就是“人杰地灵”。浙北古镇除了培养出富商大儒之外，能工巧匠也层出不穷，而且杰出工匠被载入史册，如制炉高手张鸣岐，银器制作高手朱碧山，雕漆名家张成、杨茂等。

康熙二十一年《嘉兴府志》卷12《物产》载：

草鞋、粗竹筋、篦子、洪漆器（髹工姓洪）、黄锡壶（黄元吉造）、张铜炉（张鸣岐造，以上三种称绝技，今不可得矣。）”另有关匠户“匠户之别七十有二，木匠、竹匠、锯匠……合郡共计五千二百七十七户。各以其技共役，其役于京师有输班者，口有存留者。

嘉兴的手工业涉及生活的各个方面，各种匠户加起来共有5277户，其中有的技艺并不比京师的公输班差，并流传于民间。当时最为著名的洪姓髹工所漆器物、黄元吉锡壶、张鸣岐铜炉，精致、细腻，受到宫廷的赞赏，精湛的技艺使其名留千古。时而得到文人的赞誉，朱彝尊《鸳湖棹歌》载：

梅花小阁两重阶，屈戌屏风六扇排。

不及张铜炉在地，三冬长暖牡丹鞋。[①]

《新塍镇志》卷14《人物》载张鸣岐：

居谢洞里，善制铜为炉，无不精绝，项墨林见而异之，招居郡城，名大著。[②]

张鸣岐所制铜炉，没有一件不精巧绝妙，收藏家兼鉴赏家看了大为惊奇，招张鸣岐于嘉兴府城，后声名显著。

元代时期的嘉兴是雕漆的制作中心，西塘又是嘉兴漆器的主要生产地。著名的漆器名家有西塘人张成、杨茂和彭君宝，明代时期有张成之子张德刚。他们各有所长，张成、杨茂善剔红器，但两者风格不同。同时杨茂还擅长戗金法、戗银法，可谓是技艺全能手；彭君宝则擅长戗金法；张德刚则传承其父张成的技艺，擅长剔红。

陶宗仪《辍耕录》记载：

髹工杨茂擅戗金戗银法。凡器用诸物，先用黑漆为底，以针刻画山水、树石、花竹、翎毛、亭台、人物……完整稍毕。然后用新罗漆。若戗金，则调以雌黄；若戗银，则调以韶粉，经日晒后，挑嵌所刻缝隙，以金银箔敷施漆上，用新棉揩拭，著漆者处自然粘住，在熨斗中烧灰坩埚内熔煅，浑不走失。张成与杨茂同里，善髹漆剔红器，工戗金戗银法。其制作的漆器被琉球购得视为至宝，贡献于朝。明成祖非常喜欢，派人召张成入京，可惜已

①（清）朱彝尊．鸳鸯湖棹歌[M]．杭州：浙江古籍出版社，2012：34.

②（清）郑凤锵纂．新塍镇志[G]//中国地方镇集成——乡镇专辑．上海：上海书店，1992.

殁。其子刚德继承父业，被召至京城，被授予“营缮所副”，赐宅以复其家。[①]

再如乌镇的锦、王店的灯彩等都是进贡宫廷的珍品。魏塘人朱碧山的银槎杯更是精妙绝伦。

《曝书亭集》卷9：

宣公桥南画鼓挝，酒船风幔拄鸦叉，

碧山银挝劝郎醉，棹入南湖秋月斜。[②]

朱彝尊在诗中生动地描绘了银槎杯的造型特点及用碧山杯劝酒的情景。此外，朱彝尊还有一首以银槎杯为主题、颂扬其艺术价值的诗：

朱碧山银槎歌　　孙少宰席上赋

高堂宴客客未醉，主人爱客期开颜。

羽觞玉爵讵足算，劝我凿落重三锾。

槎枒老树几千岁，霜皮崩剥枝柯删，

阴崖自遭鬼父劈，积雨暗齿苔纹斑。

寻源之使处相像，高踞两膝顶秃鬟，

观其傲岸意独得，仿佛归自明河湾。

流传河畔逢织女，所恨尚少双烟鬟。

刳中乡衡入其腹，未解刀削何由弯。

传其四座叫奇绝，如有白鸟飞翩翻。

细看款识刻至正，问谁为此朱碧山。

良工名盛心益苦，顾兹毋乃经营艰，

主人博搜金石文，向我更话天历间。

丹丘先生爱奇石，命制芝菌如初攀，

当时虞揭相献酢，是物亦得流人寰。

自从闯贼蹦燕市，大掠金帛仍西还，

① (元) 陶宗仪. 南村辍耕录[M]. 上海：中华书局. 1959：375.

② (清) 朱彝尊. 鸳鸯湖棹歌[M]. 杭州：浙江古籍出版社. 2012：43.

纷纷入市寻锻冶，否亦道半委榛菅。

闻之不觉三叹息，可怜双卿今成鳏，

吾乡艺事多绝伦，奇巧不数古输班。

张铜黄锡近乃出，未若此老技最娴，

殊方促坐但酩酊，莫遣酒星怀乡关。

诗文借与友人用银槎杯饮酒，赞美其艺术气质以及精妙绝伦的制作工艺，惊奇四座。嘉兴工艺作品多精妙绝伦，像古代公输班这样具有精湛技艺的艺人无数，近代的张鸣岐和黄元吉制作的铜炉和锡壶虽然精妙，但也比不上银槎杯错落有致的枝丫做得娴熟。这首诗表明了朱彝尊对朱碧山银槎杯的高度评价。

第二节 人文精神与宗教信仰

人文精神，就是以人为本、以文明为导向的精神。从“人”的角度来说，人文精神就是要尊重人，关心人；从“文”的角度来说，人文精神就是要教化人，提升人。前者是要把人当作人，后者是要使人成为人。两者的结合，构成了人文精神的完整内容。

宋元以来，浙北平原经济繁荣，百姓安贫乐道。人们在改造自然环境的同时，不忘创造良好的社会环境以提升人类自身的发展。其中既包括对自然河道的改造和建设、对居住环境和建筑结构的合理设计，也包括做人之道、做学问的理论，以及宗教信仰对心灵的净化。

一、崇文重教

（一）南浔

素有江南丝商巨镇之称的南浔有崇文重教的传统，文化昌盛，教育发达，名人辈出，其中许多文人在不同领域颇有建树，影响及于乡里及海内外。

据统计，宋、明、清三朝有南浔籍进士41人；宋、元、明、清时期，有浔籍京官56人；明、清两代，任全国各地州县官57人。著书立说的人亦不在少数。如朱国祯著有《涌幢小品》《明史概》《皇明纪传》等，董斯张著有《吴兴备志》《广博物志》《七国考》等，陈忱著有《后水浒》，董说著有《易发》《西游补》以及大量诗集。清代有著述问世的南浔人达280余人之多，其中许多是具有较高价值的学术论著，如"南浔三先生"的施国祁撰有《金史详校》《金源札记》等，邢典撰有《书城杂著》等，扬凤苞撰有《十八家晋史纂》《补正湖州诗录》，沈尧撰有《新疆私议》等，董蠡舟撰有《三国志杂校》《补五代史汇误》《十六国史摭逸》等，董恂撰有《古今医籍备考》《两宋宫闺词》《南浔蚕桑乐府》等，沈鹞撰有《地道记》《台湾郑氏始末注》等，纪南星撰有《痘科集腋》等。明末至民国，镇志撰写蔚然成风，达十余部之多。总之，南浔名人著述不胜枚举，其学术研究及著述领域包括天文、史地、志书、水利、农艺、蚕桑、医学、乐律、音韶、六书、金石、书画、诗词，等等。有史家说，南浔"书声与机杼声往往夜分相续"，诚不为过。

（二）乌镇

乌镇的名人大家数不胜数，自古文人荟萃、名人辈出——如中国最早的诗文总集编选者梁昭明太子，中国最早的镇志编撰者沈平，著名的理学家张杨园，著名藏书家鲍廷博，晚清翰林严辰、夏同善等。乌镇自宋至清，千年时间里出贡生160人、举人161人、进士及第者64人，另有荫功袭封者136人。

乌镇古代最著名的人物是南朝时（420～589年）梁代的昭明太子萧统，他曾在乌镇筑馆读书多年，并编撰了《昭明文选》，此书对中国文坛影响极大，可与《诗经》《楚辞》并列。近、现代更有政治活动家沈泽民、银行家卢学溥、新闻学前辈严独鹤、旷世清才汤国梨、农学家沈骊英、著名作家孔另境、海外华人文化界传奇大师孙木心等。更有中国最著名的文学巨匠茅盾（原名沈雁冰），是新中国成立后的第一任文化部长，其小说如《子夜》《春蚕》《林家铺子》等家喻户晓。

（三）濮院

自宋以来，濮氏筑屋构园，濮院人气旺盛，镇民读书之风日盛，文化发达。宋元明清四朝共有进士26人，举人86人。

民国16年《濮院志》载：

宋为人物之邦，至今士多兴于学，外廛者亦类，皆鸿生硕彦。

不难看出，宋代的濮院人才辈出，学风兴盛，多博学之士。《濮川镇志》载："濮氏好客，各方学者名流，纷纷来镇寓居。"元至顺间（1330～1333年），濮允中、濮彦仁父子组织"聚桂文会"，其目的是为了以文会友并拜当时江南著名文人杨维祯为师。当时的江南文人汇聚一堂，东南名士500人以文赴会，几乎每一位赴会的人都会递上自己的作品，请杨维桢评阅，最终选定优秀诗文30稿，出一专集，名曰《聚桂文集》。名儒宋濂为濮家的座上客，明初寄寓濮院，所作《濮川八景》诗，引发了众多名流唱和，推动了镇上的诗词创作。寓居镇之附近的还有鲍恂、贝琼、程柳庄等，清初举办太平文会。乾隆年间，沈尧咨、陈光裕合编《濮川诗钞》，搜集29位诗人作品计35卷，其中不乏脍炙人口之作。清代雍正、乾隆以后，镇上依然盛行诗文、书画、金石、考古收藏等艺术创作与鉴赏之风，如沈履端诗文《竹岳楼草》1卷，濮启元《嘉禾百咏》、沈廷瑞《东畲杂记》，张弘牧《篆学津梁》等。除此之外，清代沈涛的《幽湖百咏》，颂赞了镇境的历史、人文、市井、物产、名胜古迹。

濮院明清时还办有义塾、义学、翔云书院及提倡女子求学的女子学社。

二、尊贤敬礼

尊贤敬礼之风自古兴盛。贤是前贤（有才德的前辈）、先贤（已去世的有才德的人）、圣贤（圣人和贤人）。庙以崇先圣，学以明人伦。中国历史传承一脉相承，对于古代的先贤圣人崇敬有加，如部落时代的尧舜禹，春秋时期的孔子、老子等都是为人崇敬的圣人。不只如此，还有百姓把当地有作为、有贡献的人也列为崇敬对象，建立祠庙，如南浔的嫘祖庙、鲁班祠、贤圣殿、圣帝祖师庙等。祠庙主要供当地百姓瞻仰和学习。这种敬贤之风，造就了浙北水乡人们温和、善良的性格，点燃了勤劳、勇敢的智慧之火，使水乡古镇民风淳朴、生活安泰。

礼，一是社会生活中由于道德观念和风俗习惯而形成的仪式，如婚礼、丧礼和典礼；二是符合统治者整体利益的行为准则，如礼教、礼治和克己复礼；三是表示尊敬的态度和动作，如礼让、礼遇、礼赞、礼尚往来和先礼后兵；四是表示庆贺、友好或敬意所赠之物如礼物、礼金和献礼。尊礼是浙北水乡古镇人们极为重视的一项准则，在建筑的礼制秩序中，表现为规模、格局和约定俗成的建筑色彩等；其次，在婚嫁、生子、祝寿以及丧葬礼仪也都有一定的规矩与说法。至今人们还难以逾越。嘉兴、湖州风俗受儒家礼教的影响颇深，孝则善事父母、悌则顺从兄长，从纵横两个方面维护家庭、家族的秩序，达到“齐家”之目的。如清末民国初的“送忤逆”风俗，是对不孝忤逆子女的最大制裁，即父母可以将“忤逆”子女送至县衙“绳以刑律”。

三、笃信宗教

嘉兴、湖州两地有着相同而复杂的历史变迁背景，周武王时期分属于三吴，公元前473年，吴亡归属越国，后越亡归属楚国。复杂的历史变迁，使嘉湖两地人口不断地融合，又有北方移民迁居于此，与当地人杂居，给人们的生活带来了变化，以宗教信仰最为显著。佛教及道教对杭嘉湖地区人们的精神生活影响颇深，寺庙遍布城乡，神佛（家堂土地、灶君菩萨、门神菩萨，特别是观音菩萨）的各式塑像登堂入室，供人礼拜供奉。由于民间相传的鬼神观念和宗教信仰观念的影响，人们相信人要经过六道轮回和因果报应，往往把希望寄托于来世，通过古镇石桥中心的莲花轮回图案可以看出端倪。当人们的某种需求在人力不能及时，就求助于神灵。如求子嗣，往往求送子观音、南堂太君，或当地相传较为灵验的菩萨。

市镇居住人口复杂、繁多，不同人们对于神灵的信仰也有所不同，造就了古镇佛教、道教、儒教和原始宗教相互并存，寺庙、道观、祠堂并行而立的局面。有文献记载，明清时期，南浔与宗教有关的建筑有塔、阁、殿、庵、观，堂等百余座，南浔古镇面积大小仅方圆10里左右，却容下了上百座寺庙塔堂，足以说明宗教信仰在人们心目中的地位。信仰的神灵涉及佛教的释迦牟尼、观音菩萨，道教的龙王、文昌星，贤圣鲁班、关公、岳飞等，原始图腾崇拜的蚕花娘娘、田公地母等。这些寺庙殿堂除了平时供人们礼拜之外，还是做佛事之地。

南浔镇志记载：

湖俗重释而浔尤甚，每遇丧祭例作佛事，僧家用箫管笙笛高声梵讼，俗谓细乐，此为善俗之。浔人每至新正，部分妇女，不分老幼，俱素妆入庙烧香念佛酬愿。①

尊神重教不但表现为大量建立寺庙、供奉神像，同时还体现在大型的民间庙会和祭祀礼仪方面。嘉湖两地的庙会活动由来已久，各具风格。根据内容分类，有以祭祀神佛为主的，如观音、城隍、关公等；有以生产为主的，如春牛会、龙蚕会、网船会

① （清）王曰桢纂. 南浔镇志[G]//续修四库全书，717，史部，地理类. 上海：上海古籍出版社，1992：390.

等。嘉兴地区的大型庙会多在农闲的季节举行，少的一天，多的三至五天，一般不超过七天，以镇为中心，四面八方的人聚集于此，少则一千余人，多则几万人，属于盛大的节日。

浙北水乡盛产桑蚕丝，敬拜蚕花娘娘便成为一种常见的祭神仪式，有严格的程序和日期约定，根据不同的季节有不同的祭神方式。如嘉兴一带有戴蚕花、祀蚕神、接蚕花、祛蚕祟、扫蚕花地、蚕禁、做茧圆，龙蚕会、望蚕汛和蚕猫等风俗。湖州地区的祭蚕仪式则更为复杂，但目的都是为了祈求桑蚕丰收，人们生活富裕。尤其以“轧蚕花”最为著名，“轧蚕花”是江南蚕乡崇拜蚕神的一种表现形式，也是中国丝绸文化的有机组成部分。浙北蚕乡的“白马化蚕”这一传说流传最广。民间传说把含山比附为蚕神的发祥地或降临地，含山清明“轧蚕花”民间习俗便由此产生。传统的含山“轧蚕花”活动主要有背“蚕种包”，上山踏青，买、卖蚕花，戴蚕花，祭祀蚕神、水上竞技类表演等活动。

第三章

古镇民居建筑的空间构成形态

古镇民居聚落与普通村聚落的区别在于村落是宗族式聚居，一般由单一姓氏或二三个族群聚居构成，发展受到局限；市镇则往往有多个族群杂居，是在商品交换需求的基础上产生的，是人类适应、利用自然的产物。经过长期的发展，古代市镇是方圆十里左右的乡里百姓进行商品买卖、文化交流的中心，从其构成形态和建筑构造中可以窥见它的实际作用和文化价值（图3-1）。

图3－1　乌镇西栅一景

第一节　古镇建筑形制的渊源与类型

建筑的形制与构造取决于地理环境。若要分析浙北水乡古镇建筑，应该先从南北方民居建筑样式的形成说起。南北方地理环境的差异促成了中国古代建筑形成巢居和穴居两种模式。穴居建筑产生于黄河流域气候较为干燥的地区；巢居建筑产生于长江流域气候较为潮湿和水多的地带。巢居建筑以“干栏式建筑”为主，是在木（竹）柱底架上搭建的高出地面的房屋。中国古代史书中又有“干栏”“高栏”“阁栏”和“葛栏”等名。此外，一般所说的栅居、巢居等，大体所指的也是干栏式建筑。从考古发现看，中国新石器时代的河姆渡文化、马家浜文化和良渚文化的许多遗址中，其文化层中均发现了埋在地下的木桩以及底架上的横梁和木板，尤其是河姆渡文化层中的榫卯结构，表明当时已产生了干栏式建筑。

干栏式建筑是因地理环境而建构，长江以南较为常见。水多或潮湿的山区最为普遍，典型的是云、贵、湘。在湖塘较多的杭嘉湖地区，干栏式建筑是为防潮湿而建。长脊短檐式的屋顶以及高出地面的底架，都是为适应多雨地区的需要。考古发现的干栏式陶屋、陶囷以及栅居式陶屋，均是防潮湿的建筑形制，特别是仓廪建筑采用这种形制的用意更为明显。

据考古发现，河姆渡建筑中梁、柱构造运用了平身柱卯眼和转角柱卯眼。平身柱卯眼即中柱上的卯眼，转角柱卯眼即檐柱的卯眼，与梁配合使用，使中柱与檐柱、中柱与中柱、檐柱与檐柱得到紧密连接，从而构成十分稳定的屋架，使地板铺设得到可靠保证。这种流行于七千年前河姆渡时期的干栏式建筑构造，至今在浙北传统民居建筑样式中还在传承和沿用，但也发生了微小的变化——第一层的干栏被台基所代替，梁柱的结合方式也转变为抬梁式和穿斗式。这与古镇遗存的建筑构造方式几乎相同，不同的是市镇建筑的类别多样化，尤其是随着建筑制度的规范和等级制度的划分，建筑因居住者的需求而呈现多样化特征，普通民宅、商铺、作坊、宅第、园林、寺庙、作坊等建筑的外观造型均有差别。

建筑差别化的原因还在于社会制度的出现。随着社会的不断发展，阶级更加分明。溯源建筑等级分制是从秦汉开始的。秦汉时期，宫室之名专属于皇家，而从公卿士大夫到普通百姓的住所只能称为“府邸”“宅舍”“民居”和“家”等。[①]

①（日）冈大路. 中国宫苑园林史考[M]. 瀛生，译. 北京：学苑出版社，2008：8.

宋代诞生了严格的建筑制度。在礼制秩序和建筑形制制度的双重约束下，普通百姓的住所、官宦人家的住所和富商巨贾的住所呈现出不同的建筑特点。另外，建筑还受风俗习惯、传统文化及审美需求等因素影响，呈现出多元化特色。

古镇因其作用与功能，建筑在特定地域下的自然环境（气候、地形、水土、材料等）及人文环境（宗法、宗教、术数、民俗等）的综合作用下产生，虽然受封建等级制度的影响，却疏于统一“官式”的约束，古镇居民依照当地环境，因地制宜，使建筑更加灵活多变，与当地水生态环境融为一体，保留了纯朴的古风和浓郁的地方特色。概括来讲，古镇建筑可以分为四类：普通居住建筑、商住建筑、宅第建筑和园林建筑。

第二节　建筑形态分类

一、普通居住建筑

普通居住建筑指的是普通居民居住的建筑。一般位于里巷和内河两岸，没有奢华的雕饰配件，天井数量少，进数不多，甚至没有围墙，多为单体建筑，稍为富裕的人家也有建成两进式、多进式的。这类民居往往是社会底层靠出卖劳力为生的百姓居住。由于居住者收入不高，居所较为简陋，往往被街市林立的商用建筑、作坊建筑、宅第建筑和园林建筑所掩盖。当然也有离市河偏远、远离繁闹地带、临河而建的民用建筑，最具代表性的是南浔古镇的百间楼（图3-2）。百间楼距今已有400多年的历史，相传是明代礼部尚书董份为他家的保姆、仆人居家而建。约有楼房百间，故称“百间楼”。如今的百间楼成为南浔古镇的一大景观。

图3-2 南浔古镇百间楼

在其他市镇，民用建筑大多位于内陆或内河，如在王店古镇，沿河建筑多为商铺，纯粹居住式建筑则隐于里巷。

二、商住建筑

商住式建筑是古镇最为常见，也是数量最多、聚集规模最大的一种建筑形制（图3-3）。商住建筑一般沿河两岸或平行于街道而建。可分为前街后河式商住建筑、前河临街式商住建筑和前街后院式商住建筑三种。

图3-3 王店商铺建筑

前河临街商住式建筑又称“面河式建筑”。商铺面向河道，但不是完全靠河，有一条路相隔。这类建筑构筑附属廊棚，罩住整个街道。建筑向后扩展为天井式宅院，天井用于采光，并将买卖区与生活区分割开来。

前街后院式建筑与前街后河式建筑相对而立，因为前街后河式建筑的遮挡，前街后院式建筑几乎看不到河道。相对而言，前街后院式建筑居于陆上，纵向延伸为多进式，少则一个天井，多则四个或五个天井。因受街面所限，阔间较少，多为一间或两间，建筑的单元组合呈狭长形。

这三种商住建筑的构筑样式雷同，为扩大二楼的建筑面积，二楼房屋呈现一致性向前的阶梯性延伸。但因为地面面积的制约和使用功能的不同，前街后河式商住建筑与前街临河式商住建筑、前街后院式商住建筑呈现出不同的特征。根据功能可以分为3种：下商业上居住式、前商业后居住式和前商业后作坊式。

1. 下商业上居住式

下商业上居住式建筑的正立面面向街道，背对河面。此类建筑布局因为受地面面积的限制，开间较小，一般为一间或两间，三间以上的颇为罕见。为充分利用上空空间，多为二层楼。建筑与建筑之间看不到山墙，鳞次栉比地排列在一起，由此造成建筑横向较窄，纵深较大。临河的建筑向河面延伸为水阁，内部采光主要依靠门窗或天窗。

这类建筑的样式与河道环境、河道的运输功能有很大的关系。在浙北水乡古镇，水道是交通要津。“人家尽枕河”是最为理想的居住境界，商业贸易更是离不开水上交通运输。然而，水自然环境在为居住者创造了便利出入条件的同时，也限制了人们的陆上居住空间。进而使河岸土地空间显得弥足珍贵。据当地居民讲述，20世纪早期，外来的商船运向当地的货物，大多在河面上直接船对船交易，有的商铺直接把船当仓库，以便节约陆上室内空间。因此，商人为了进出货方便，会尽量选择临河经营。水阁就是为扩大使用空间而在河面上空构筑的辅助建筑。除此之外，建筑的二楼向空中借用空间，使二楼向前伸展，相对而立的建筑使街巷的剖面形成酒瓶形。在狭小的空间内，会客、居住和经商功能一应俱全，不得不说是建筑价值最大化的体现（图3–4）。

图3–4　下商业上居住式

2. 前商业后居住式

与下商业上居住式建筑相比，前商业后居住式建筑略显宏伟和奢华。由于不受河道的制约，处于陆地的建筑可以向内陆持续延伸。因此，前商业后居住式建筑多分布在临街不临河的地方或者是临街又面河的区域。有一种远离河道的前商业后居住式建筑，称为“内街市建筑”，这种商住建筑完全不同于下商业上居住式建筑。从建筑的正立面来看，虽然开间相似，但内街市建筑可以向后延伸，以致形成二进、三进，甚至四进、五进，它与旁边的建筑夹道形成一条街弄。建筑内部的融会贯通依靠天井和窄而长的备弄，这是下商业居住式建筑不具备的。各家会借用邻家的墙壁，在商铺旁边搭建备弄，备弄主要是通往后院住所的通道，作日常出入或应急之用。天井是连接商铺和住所的空间，采光主要依靠天井、天窗和门窗。前商业后居住式建筑因为不占用商铺面积也不占用河道，可以适当地放宽，所以建筑分为两个区域，前半部为商业区，跨过天井就是生活区，居住环境好于下商铺上居住式建筑（图3–5）。

图3-5 前商业后居住式

3. 前商业后作坊式

民国《双林镇志》卷15《风俗》载：

工各居肆、百业俱备，其石工木工染工杂工大半来自他乡。油坊中，工作人又博士之号，籍则长兴及江宁者居多。黑坊（染包头者）、胶坊（染五色表绫者）均本镇人，其余各业则主客参半。[①]

从中不难看出作坊是传统市镇不可缺少的部分，所以前商业后作坊式也是浙北水乡古镇较为常见的居住建筑。在以手工业为主的市镇中，作坊聚集了来自乡村以及周边地区的工人。女性一般从事女红，如纺织、刺绣、缝纫等工作；男性一般在染坊、木工坊、石坊、油坊等劳力型作坊内工作。这些作坊是劳动力密集地，需要一定的空间，而沿街建构作坊仅限于小作坊，如油坊、木工坊；而在丝绸生产重地，织坊、染坊一般批量生产，供不应求，需要较大的空间，也需要商铺进行买卖，大部分作坊隐于商铺后进行产品加工。这样不仅节约租地成本，而且还能提高产品效益。

①（清）蔡蓉升原纂，蔡蒙续纂. 双林镇志［G］//中国地方志集成——乡镇志专辑. 上海：上海书店，1992：554.

三、宅第建筑

“第”是出自顺序、等级的意思。古代的住宅有甲乙大小的顺序等级，转用于房屋的顺序与秩序。宅是居托之所，居处为之宅，宅字解作为居住处所是适切的。必须经过选择，选择吉日、吉处营建住宅。[①]

“第”为等级秩序，“宅”为居住的房屋。“宅第”就是按照等级秩序、伦理道德和风水学而建造的房屋。宅第的建造有严格的空间布局。官宦宅第因官衔大小一般分为三进、四进或五进，地块规整，以中轴线为中心向南北东西扩展，呈现出严格的等级秩序。富商的宅第则略有不同，他们可以不受官方建筑制度的严格约束，只要不触犯官方禁忌即可，建筑除须在空间布局上遵循传统样式外，居室的内在装饰可以根据主人的喜好进行设计。因此在浙北古镇的巨商宅第中呈现出中西合璧的建筑风格，使古镇宅第建筑多样化（图3-6）。具体地讲，可以把宅第建筑分为中式古典宅第和中西合璧式宅第两类。

（a）张静江家宅门楼

（b）刘悌青家宅中式建筑

图3-6 宅第建筑局部

① （日）冈大路. 中国宫苑园林史考[M]. 瀛生，译. 北京：学苑出版社，2008：8.

1. 中式古典宅第

这类一般为官宦或士族所建造，因遵从中国皇家等级制度以及受到儒家思想的影响，建筑的外形和构造传承中国古典建筑设计的特点，根据严格的空间等级秩序进行布局，外观以白墙灰瓦、装饰以雕梁画栋为主要特色。

中式古典宅第的建筑布局并不像北方宅第那样呈对称性分布。受地理环境的影响，形成入口小、内部大的空间模式，被称为“口袋形”，所谓“壶中天地”与此不无联系。从外部观察这类建筑，其样貌一般、较为朴素，与普通民居并无明显的区别，走进深处方显豪华。造成这种建筑布局的原因有二。其一，在古代，由于江南水网交通丰富，东临大海，常有水贼出入，故为保障安全而使建筑外部较为简洁、普通。具体表现在大门小而简约，围墙高深，只见屋顶；其二，水岸地面较为珍贵，购置土地的价钱较高，更多的地方用于构筑商铺。所以受以上条件的影响，建筑内部并未完全按照对称式的典型宅第布局。中式古典宅第建筑进数一般为三进或四进院落，五进院落的极为罕见。建筑端庄、肃穆，占地面积较大，形制较为讲究，排列整齐，厅、堂、居室分区严格。仪门建有砖雕门楼，雕饰复杂，内容涵盖范围广，中间以书法形式雕刻家训，如“孝友家传”“鹿洞渊源”“菊香世家”等。以此为中心，雕刻梅兰竹菊、人物故事、成语故事等，主要以宣扬儒家思想为主，也有佛家八吉祥、道教暗八仙等纹饰。院落一般为天井式，也有开阔型的庭院，大多在主厅的前面。建筑的布局为“凹”字形或其他形状。除了厅堂有院落连接之外，在一侧还设有备弄。建筑群的最后设有小花园供休闲和玩赏，植栽有花草树木，筑有假山池沼，空间稍大的还在后院构筑凉亭、游廊，形成后花园。

2. 中西合璧式宅第

中西合璧式宅第是浙北水乡古镇特有的建筑，虽不多见，但较为精致、经典，呈现外中内西的风格。从外观看，中西合璧式

图3-7　张石铭家宅中式宅第建筑

图3-8　刘悌青中西合璧式宅第建筑

宅第与普通的中式宅第差别不大，一样有白墙灰瓦，马头墙、观音兜伫立于山脊上。但常人却很难想象其内部是怎样一番奢侈和繁华的情景，那充满浪漫色彩的异域风情震惊了不少观者。这类建筑较为精致的两处分布在雄踞一方的江南古镇南浔。王店、新塍的也有两处西式风格宅第，不过规模不大，西式风格只体现在彩色玻璃窗的运用上。在南浔之所以出现规模宏大、装饰豪华的中西合璧式建筑，与智慧而勤劳的南浔商人有着密不可分的联系。古人云："凡成事者，均有天时、地利、人和之气。"中西合璧式建筑风格的出现并不完全由商人决定，同时也会受外界环境的影响。时代的交替变化为古镇异域建筑的出现提供了最佳时机。以南浔张石铭旧宅（图3-7）和刘悌青故居（图3-8）为例，它们均建造于晚清至民国时期。因为处于社会过渡时期，政府对于营造制度疏于管理，建造者在吸纳中国传统建筑构造的同时，采用西方的彩色玻璃窗、马赛克地板、壁炉、家具等元素，使室内装饰呈现出外中内西的特点（图3-9）。

中西合璧建筑虽为中国古典样式和欧洲巴洛克风格的结合。但从建筑的外墙很难发现西式特征，而且一般隐于最后一进。与花园相连。建筑外部低调、沉着；而内部则恢宏、大气、奢华、张扬。罗马柱式、红砖墙壁和彩色玻璃与中式屋顶的巧妙结合为中西合璧式建筑增添了神秘气息。

a
b | c

(a) 室内设计
(b) 彩色玻璃窗
(c) 法式马赛克地板

图3-9 中西合璧式宅第内部装饰

四、园林建筑

从园林特征和建造规模划分，中国古典园林可以分为皇家园林和江南私家园林。江南私家园林主要分布于长江以南的浙北、苏南地区，以苏州私家园林为典型代表。私家园林属于寓居和休闲为一体的园林，它既不同于宅第内的后花园，也有别于奢华精美的皇家园林。私家园林根据面积大小而设置建筑，相对于苏州拙政园、狮子林而言，浙北古镇园林要小得多，从面积上看属于微型园林。园林虽小，但居家、学习、会客、游乐四大功能一应俱全。尽管浙北古镇的园林较为小巧玲珑，但不失自然天成和闲情逸趣之特点。以乌镇和南浔为例：

乌镇的灵水居是比较典型的园林。民国《乌青镇志》卷十一载：

凡为园亭者，不过叠石为山，濬水蓄水，而灵水居之佳处在于取假山之石叠若真山，通有源之水，以为流水初不觉，其濬筑而成也，布置台榭，点缀花木，俱极疏散幽共。[①]

叠石为山，开凿水池为园林中普遍存在的景观，但灵水居之妙处在于将假山石叠得像真山，其中有活水通过，其水景自然形成，台、榭的构筑经营有道，花木的点缀疏密有致，幽境与共。

像灵水居这样的园林，几乎每座古镇都有，南浔尤多。南浔古镇较有名的园林有陶氏别业、半亩间、窥园、华氏小园，泌园、且住园、怡园、颖园、留园、适园、半亩园、小莲庄。

徐庆年写有关于小莲庄的诗句：

小莲庄不近喧哗，林木回环水，一涯位置全凭胸竹，文章台羡笔生花，沿堤新种千株柳，隔岸时鸣雨部蛙，沦茗闲谈古今事，不知天外夕阳斜。名园先睹快如何，青借遥峰几点螺，东壁云山人宛在，西轩水木地无多，桑畴凝碧日迟下……[②]

徐庆年的诗句形象地再现了小莲庄的特点与美丽的景致，郁郁葱葱的树木沿河堤分布，陶醉其中，浑然不知夕阳西下（图3-10）。

园林建筑与宅第建筑有着明显的区别。宅第建筑讲究严格的等级秩序和伦理道德，而园林建筑的建造较为自由、闲适，不拘一格，园林的经营也不受等级秩序的约束。但有一点相同的是它们都受风水学的影响，假山、池沼、亭、台、楼、阁等构筑均有讲究。

---

① 卢学溥修，朱仲璋，张季易纂．乌青镇志．民国25年刻本，卷十一：九．

② 周庆云纂．南浔志[G]//中国地方志集成——乡镇志专辑22上．上海：上海书店，1992：124．

图3-10　南浔小莲庄

第三节　建筑空间及其分类

建筑空间是为了满足人们生产或生活需要而设计的、运用各种建筑主要要素与形式所构成的内部空间与外部空间的统称。它包括由墙、地面、屋顶、门窗等围成的建筑内部空间，以及建筑物与周围环境中的树木、山峦、水面、街道、广场等形成的建筑外部空间。建筑物是一个大的空间场。空间存在于建筑的任何地方，建筑空间的构成因实物和地理位置不同而差异颇大。建筑空间还因使用功能的不同而大小有异。内部空间因使用功能和目的需求而具有共同的特征，外部空间则因地理环境的影响而形成共有的特点。

浙北水乡古镇按照建筑内空间和外空间的构成特征，可以将空间的构成要素具体分为两部分。

图3-11　王店老宅

图3-12　新市市河

一是建筑内空间，包括墙面、地面、屋顶、门、窗、天井、备弄、廊棚、过街楼和水阁（图3-11）。

二是建筑外空间，包括河道、街巷、弄堂、石桥、河埠头、揽船石等（图3-12）。

第四节　建筑内空间的构成特征

一、墙体的构造及特征

墙，障也，所以自障蔽也。垣，援也，人所依止以为援卫也。墉，容也，所以隐蔽形容也。壁，辟也，辟，御风寒也。[①]

不难看出，墙、垣、墉、壁虽然处于不同的位置，但功能相似，均具有有隐蔽、防卫和抵御风寒的作用。

①（宋）李诫撰，邹其昌点校. 营造法式[M]. 引自《释名》. 北京：人民出版社，2006：6.

在干栏式建筑中，墙体虽不是建筑的支撑部分，但也不可或缺。建筑中的墙体因为处于不同的位置而作用也有所差异。在调研过程中，常常目睹墙壁消失殆尽但屋顶依然伫立的景象，这是传统干栏式建筑“墙倒屋不塌”的最好例证。究其主要原因在于墙体不起支撑作用，而是依靠梁柱支撑重量。外墙只起到隔风挡雨、御寒、防卫，以及保护隐私的作用。

墙体因处于建筑的位置和作用不同可分为外墙和内墙。外墙位于房屋的四周，故又称“外围护墙”；内墙位于房屋内部，主要起分隔内部空间的作用。

墙体按方向不同又可分为纵墙和横墙。沿建筑物长轴方向布置的称为纵墙；沿建筑物短轴方向布置的称为横墙，外横墙俗称山墙。

根据对古镇建筑的实地调研和分析，具有地方特色的墙壁可以具体划分为三种：界墙、山墙、封火墙（图3-13）。

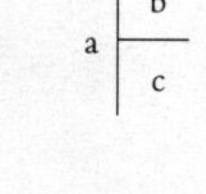

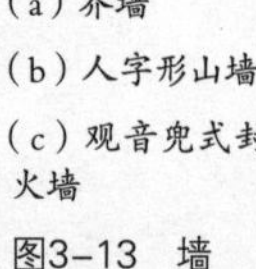

（a）界墙

（b）人字形山墙

（c）观音兜式封火墙

图3-13　墙

（一）界墙

界墙者，人我公私之畛域，家之外廓是也。[①]

所谓“界墙”，是指与邻家相互分隔之墙壁。此类墙壁一般独立于建筑物之外，有围墙的功能，一般由砖或石材砌成，墙上的装饰与主体建筑保持一致。不管在广袤的北方大地，还是在空间局促的江南水乡，界墙对于家的意义都是重大的，它是划分相邻家庭居住区域的标志。就好比是国与国之间的界碑，是不可逾越的。

针对不同的建筑类型，界墙的造型有所差别。前街后河式建筑，一般为商住两用，鳞次栉比的建筑紧紧依靠，没有院落，所以山墙在这里发挥了界墙的作用。为了区分户别和明确划分区域，有的住户在山墙里面、墀头之下嵌一块石碑，名曰“界石”。还有一种界石与铺地结合，置于边界，界石上刻有如“钱家界”“吴家界”等字样。

前商业后居住式建筑因为有多进院落，其高大的围墙与建筑构成天井的同时，纵向连接构成高大的壁垒。

界墙变化最为丰富的当属园林建筑。园林因规划和使用需求不同，界墙也有所差异。园林内多以自然生态和人文景观为主，处处充满诗情画意，倘若用高而单一的“一”字形围墙，会破坏园内的景致。散步在蜿蜒曲折的游廊中，严实的墙壁只会使人感到压抑，而非舒适。因此，园林界墙不像宅第建筑界墙那样中规中矩，讲究情调的居住者会特意在围墙上留出漏明窗，以便借景入园，营造虚实相间的空间美感。园林中的界墙也有做成云形的，又称云墙。云墙柔和的曲线与湖沼荡漾的水波相映成趣，优美的曲线形墙体为园林增添了浪漫主义色彩。界墙不单单是围墙、边界线，也是园林景观的一部分（图3-14）。

---

①（清）李渔著．李竹君，曹扬，曹瑞玲注．闲情偶寄[M]．北京：华夏出版社，2006：199

（二）山墙

山墙是建筑物两侧呈山形的墙壁的统称，造型主要为“人”字形。

山墙在北方建筑中是支撑屋脊重量的关键部分，因为北方民居建筑的梁柱构架主要设在建筑内部。房屋两端的山墙有承重和避寒等多重作用。

a | b
c

（a）宅第建筑外墙
（b）民居外墙
（c）园林建筑内的界墙

图3–14　界墙

与北方民居建筑不同，由于沿袭了传统干栏式建筑的特点，浙北古镇民居建筑的山墙随梁柱结构和造型而建，墙壁镶嵌于梁柱之间，一般呈“人”字形，但不起关键作用，而是辅助作用。梁架结构决定了屋顶的坡度，而坡度直接影响排水。为了确保建筑的耐久性，减少雨水淤积而导致屋漏的危险，屋顶坡度设计至关重要。

“人”字形山墙的构筑依据降水量而定。浙北平原多水，属于亚热带季风气候，南北气流交汇于此，降雨量长年较大，尤其集中在4、5、6月份。到了梅雨季节，阴雨绵绵不断，可能半个月甚至20多天都见不到太阳。为了使雨水不影响建筑质量，建筑屋顶往往需要构筑较大的坡度，设计屋顶时会考虑承受最大雨水量的排泄，有的屋顶坡度达到65度，天井四周的屋顶在交界处留出一凹槽，建筑学家称之为“天沟”。这样做的目的是便于雨水通畅无阻地排出（图3–15）。

提到封火墙，很多人会想到徽派民居建筑中高耸的马头墙。马头墙是古代徽派民居建筑的突出特征之一。徽州人善于经商、遍布各地。浙北建筑受到了微小的影响，也具有这类墙头，因此有人简单地把浙北建筑归于徽派建筑一类。但事实并非如此，马头式的封火墙只是浙北古镇民居建筑中的一小部分，并不是每幢建筑都筑有类似的封火墙，倒是有一种观音兜式的封火墙更为独特，构筑于浙北古镇建筑的山墙屋脊两侧。但不能以此为依据划分建筑风格和流派。

图3–15　“人”字形山墙

图3-16　浙北特色封火墙

浙北古镇建筑封火墙主要有两种，以观音兜式封火墙居多（图3-16）。

1. 观音兜

观音兜式封火墙矗立于建筑两侧的墙壁上，为灰白色，赋予建筑凝重的节奏和韵律感。与徽派民居那单一重复、呈阶梯性排列的马头墙不同，浙北古镇民居的封火墙别具匠心，山墙顶端往两边延伸到墀头之上，中间高，两头翘，如行云流水，中间筑一重叠的如意式云头，因为形态像观音菩萨的披肩式帽子，所以民间称之为“观音兜”。观音兜式的封火墙简洁、流畅，是徽式建筑中所没有的，它的出现为古镇民居建筑增添了浓重的宗教色彩和浪漫主义情怀。观音兜中间位于屋脊平行线上，山墙顶端竖起的云头式如意，更彰显了浙北古镇建筑的地域特色。

2. 马头墙

在浙北水乡民居建筑中，除了纯粹的观音兜封火墙外，还有马头式与观音兜式结合的，具体表现为以屋脊为中心，观音兜向两侧山墙延伸，山墙两边像振翅欲飞的飞鸟，微微翘起，耸入高空，两边紧接着依次排开的是马头式封火墙，一直延伸到墀头上方，随着山墙的走势呈阶梯形排列，但这里的脊檐不是“一”字形的，而是与观音兜上翘的形状保持一致，张力十足。两种形式的结合尽显浙北人兼容并蓄的思想（图3–17）。

3．厅壁

厅壁是浙北古镇建筑内在独立构成的部分，这是由多进式建筑的过堂式特点决定的。厅壁，是建造于厅堂之内的墙壁。由于古镇民居建筑传承了干栏式建筑的特征，所以整个建筑物主要由梁柱穿插构造。除了有外墙可以遮风挡雨和防卫之外，还有内部空间的梁柱交错（图3–18）。内在空间依靠屏风或木板间隔。厅壁的作用不同于其他墙壁，一般位于正厅中央，其精神价值远远大于其实用价值。

在中国传统伦理道德中，以“家”为核心的价值观不会因为时代的更迭而被摧毁。在儒学之风流行的浙北古镇，人们心中“家”的地位是不可动摇的。“家”是中心——不是简单的一家人的“家”，也不是次单元的家庭，而是家族，是一个庞大的单元。

图3–17　浙北建筑中的马头墙

（a）张静江宅厅壁
（b）张石铭宅厅壁
（c）西塘老宅厅壁

图3-18　厅壁

祖先的地位、长为尊的观念根深蒂固，因此敬祖、祭祖是浙北地区重要的一项民俗活动，也是生活中不可或缺的部分。厅堂作为单元建筑的主要部分，便是祭祖、婚嫁、丧葬、会客等礼仪的空间场所。建筑多为穿堂式，作为主客厅，需要在正对门处和建筑中间建造一扇壁墙，因为在客厅内又称之为“庭壁”。厅壁是在建筑装修时根据需要而构建的，主要有两种：一种为屏风式的木板构筑，又称“屏壁”。屏壁主要设在正厅，也叫会客厅，议事厅，是家庭举行仪式的地方。另一种厅壁位于次厅，一般由镂空式长扇落地窗构成。它位于次厅正对门，主要起辟邪作用。此壁由灵活的方法组合而成，家里操办喜事和丧事时可以拆卸。由固定的木板构成的则是不可拆卸的厅壁，厅壁背面设有楼梯，较为隐蔽。设置木板厅壁的目的有两方面：

一是悬挂先祖的祖训或挂像，或安放已故祖先的牌位。

二是挂上字画、匾额和对联，以显示家庭主人的尊贵地位。

厅壁在建筑中的作用从侧面说明了古镇人对家的重视、对长辈的尊敬、对晚辈的训诫，起到环境教育的作用。

二、铺地的分类及特征

铺地因建筑功能和类型不同而形态各异。商住建筑铺地简洁，民居建筑铺地与其相近。宅第建筑铺地豪华，室内外有所不同，室内因各房屋功能不同亦有区别。园林建筑铺地更为多样化，青砖、乱石、大理石、瓦砾、进口花砖等各种材质应有尽有，其种类丰富，多姿多彩。

南浔有几家丝商建筑，有的地面铺以进口花砖，是中西交流的典范，但花园中曲折回环的小径则用石子或弃砖镶嵌。无论是鹅卵石子，还是弃砖或碎瓦砾，铺地都很讲究。一是讲究秩序、井井有条；二是讲究寓意。当然也有乱石铺地的，这种铺地主要用在人迹罕至的隐蔽小径中（图3–19）。

最为讲究的是宅邸和园林建筑。由于园林和宅邸功能上的差异，室内外铺地有相似处也有差异。相同之处在于两类建筑厅堂的地面一般采用青砖铺地。中西合壁式建筑则兼用水磨石砖铺地、法国陶制花砖，马赛克等。其中，青砖较为普遍。青砖是用一氧化碳还原法烧制而成，色泽青灰，淡雅、沉稳、静谧；因烧制过程中需要饮水，将其铺于室内有冬暖夏凉的作用。青砖一般为方形，铺设方法规则，不易混乱，比较适合建筑内部使用，又因烧制时间长，砖体比较厚重、结实，不易损坏，且使用时间越长、光泽度越高，是古代宅邸和园林建筑室内铺地的首选（图3–20）。

图3–19 法国花砖

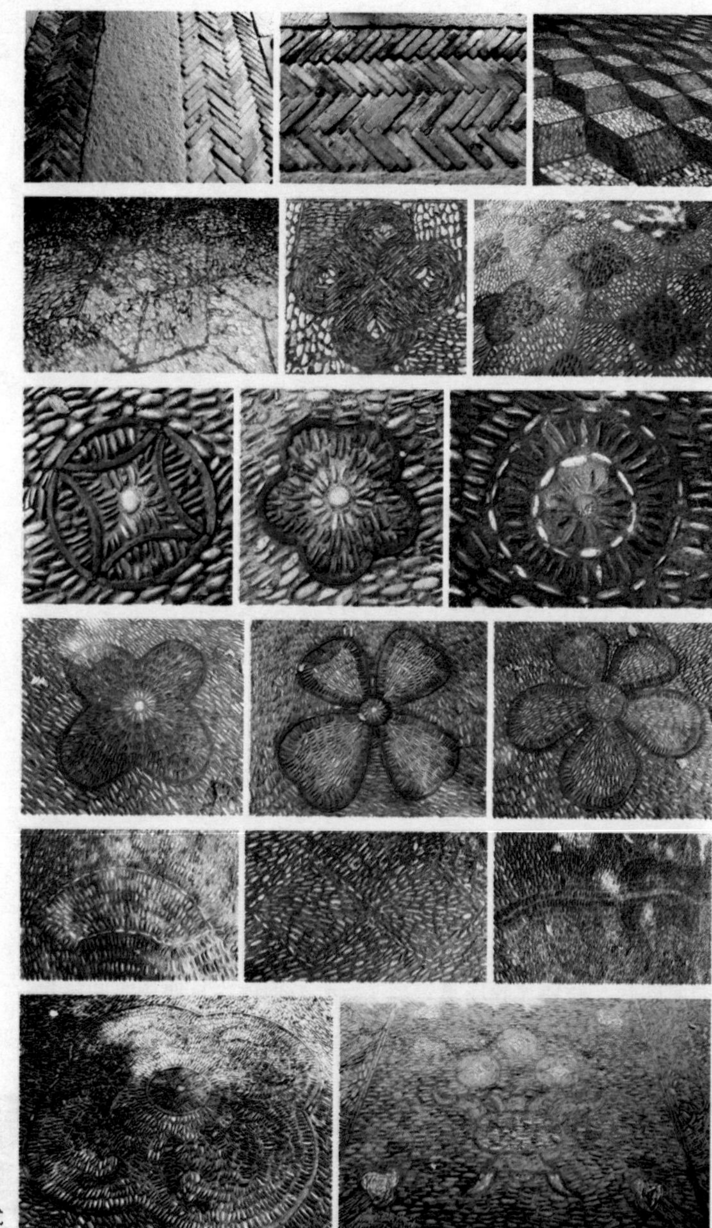

a	b	c
d	e	f
g	h	i
j	k	l
m	n	o
p	q	

(a) 砖石混铺
(b)“八”字形铺地
(c) 杂色石与弃砖铺
(d) 定形铺地
(e) 花形铺地
(f) 海棠铺地
(g) 铜钱
(h) 梅花
(i) 圆形
(j) 海棠
(k) 花
(l) 花
(m) 扇形
(n) 锭形
(o) 宝扇
(p) 蝙蝠与钱
(q) 鼎与如意

图3-20 中式古典铺地

古典宅邸建筑则较为讲究，室内与室外略有差异，厅堂和侧室、卧房也有所区别。大致可以分为以下几种：正屋厅堂一般用传统的水磨石，在晚清建造的建筑中有采用法国进口马赛克的，色彩富丽。侧室或卧房一般由青砖或木地板铺设。厅堂之外有石阶，沿着石阶延伸至庭院的一般以青砖铺地。以刘悌青旧宅为例，因是花园建筑，故铺地则较为自由，且对传统文化表现出浓厚的情结。铺地花纹丰富多彩，如用小石子或碎青砖铺设成“五福（蝠）临门”、“福（蝠）在眼前（钱）”、“万寿无疆”、芭蕉扇形、铜钱形等具有深刻寓意和内涵的图形，借助于图形隐喻居住者的思想和所追求的意境（图3–20）。

街巷的铺地以耐磨、实用为目的。道路中间一般用武康紫石、武康黄石或太湖石，两边用砖呈“八”字纹铺设，在烟雨蒙蒙的江南，雨水较多，易长绿苔，中间用武康紫石，坚固防滑，两边用斜形“八”字纹增加脚与地面的摩擦，不易摔倒。街巷的铺地石材与河埠头的石头一样，色调不但统一，而且和谐、自然。

丰富多彩的铺地材质映射出浙北古镇民居建筑的考究，铺法的多样反映出居住者丰富的情感。其中，最值得称赞的是暗藏玄机的乱石铺地，从表面看是一片没有章法的不规则石子或废旧的瓦砾，可经过匠人们的奇思妙想，却搭配出或具有立体效果的几何方块，或寓意深刻的各种吉祥纹样。

三、门的基本分类及特征

“门”作为象形字，很难考证它是晚于建筑出现还是与建筑同时出现。但根据建筑的作用，人类的祖先在创造了穴居和巢居住所的时候，门也应运而生了，它发挥着出入房屋的功能。

随着社会的发展，人们赋予了“门”丰富的文化内涵，衍生了“门当户对”“门第”“门户”“门面”“门生”“远门”“一门婚事”“回门”“门可罗雀”等用语。对门的作用最清晰和最为贴切

的表达见于春秋时期著名哲学家老子的著作《道德经》:

三十辐共一毂，当其无，有车之用。埏埴以为器，当其无，有器之用。凿户牖以为室，当其无，有室之用。故有之以为利，无之以为用。

这里的“户”实指“门”，“门”作为虚无的空间，其最基本的功能却蕴含着深刻的哲学内涵。

伴随着人类社会文明的进步，“门”的造型也逐渐多样化。首先，阶级制度的出现使建筑有了明显的等级差异，“门”的造型因建筑的形制而有所不同，所以才有了“门当户对”“门户差异”的讲究，“门”也因此成为区分等级地位的标志与象征。其次，因建筑特征的不同，“门”也略有差异。例如南北方环境与气候的差异造成了建筑特征的差别化，“门”作为建筑的重要构成元素，其功能和造型讲究与建筑相呼应。浙北水乡古镇民居建筑因功能不同而呈现出丰富多彩的造型，古镇居民阶层和构成的多样化进一步促成了不同建筑的门的差异。门按照构成特征分为板门、隔扇门、屏门、栅门和垂花几种。

（一）板门

板门，中国古代居住建筑中最为常见的门制，最初是大木板门，叫作“板门”。是以一种门枕石为轴，门上安装连楹，用门簪来固定的木板门，牢固结实。板门不迟于战国时期就已产生。随着对使用功能的需求，板门呈现多样化。根据用途又可将板门具体划分为合扇板门、条板门和单扇门。

1. 合扇板门

合扇板门又称“双扇门”。一般是安装在正屋三开间，或三间两弄、五间两弄以及宅院的外墙门。外墙门又叫“防御门”，是官宦府邸和富商宅第最外面大门，一般镶嵌于宅第外墙中。因为要保护家庭的安全，门做得厚重、严实，且用铁钉固定。此外，作为家庭的脸面，其造型设计和工艺较为精巧，使用的木材也非常讲究。

合扇板门还因为是对开而立，除了每扇门有横木、枕木、门墩和门槛之外，背面还需要用门闩连接，使两扇门紧密地合在一起。门闩由横木做成，在两扇门两边的“八”字形墙体中砌出与门闩大小相契合的半封闭小洞，横木穿过两扇门后嵌入开好的门洞内，使外墙门有坚固的抵御作用。合扇板门除了用作宅第的外墙门，还用作内院正屋的仪门、厅门和堂门，做法与外墙门近似，虽稍微有些轻巧，但不失防御性。当然，有的富裕人家为了掩饰其富裕，外墙门做得较为简洁，仪门反而较为豪华（图3–21）。

2. 单扇板门、双扇板门

单扇板门是进入室内的间隔装置。一般装在不讲究秩序和门面的民居建筑中，开在檐下的左侧或安装在备弄出入里弄之处，以素面为主，做法简单，无边框、无装饰，又叫素面板门。讲究的会做成“棋盘式”，与素面板门相比，棋盘门复杂一些，棋盘门四周有攒边，装板心，板心通体采用杉板，是实心板门，背部穿四根带，其目的是将其攒在一起，穿带两头透榫，以榫卯结构的形式将门心板和边框一起安装。因背部穿带交叉呈格子状，看起来像棋盘，故称“棋盘门”，整个门无通气镂空，仅供出入之用。

双扇板门最具特色的是实榻门，用于宅第建筑的大门或仪门，特点是木板厚实，有用边框的，也有无边框的，一般用暗榫将同一厚度的木板穿起来，门板较为严实。为了更加牢固，在门板的正面包铁皮、装大铁钉，以防外患（图3–21）。

3. 条板门

条板门又称“排板门”。一般用于商用民居建筑中，是由一定数量的木条板组合、可拆卸的活动板门。木条板的高度由建筑高度决定，通常是从地面到屋檐下的通高，每条木板的宽度在20～30厘米左右；木条板的数量则由房屋的开间决定。板的上下两头出榫，可以插入上槛和下槛的凹槽内，相邻木条板的侧面也有同样的穿插关系，木条板摆好后可以从上槛和下槛密封好，内

图3-21 古镇建筑中的双扇板门和单扇板门

图3-22 条板门

有门闩连好（图3-22）。

（二）隔扇门

隔扇门是安装在庭院内正室中的一种门，也可以说是窗，事实上是门与窗的结合。隔扇门可以任意装卸，平常安装在门槛座轴上，用来分割天井与过厅两个空间；也可以作为窗户和隔断，婚丧嫁娶活动需要较大的空间时，可以将其取下，扩大室内空间。

隔扇门分为两种，一种为短隔扇，安装在槛墙上，叫“短隔扇”或“槛窗”，起到窗子的作用。另外一种是长隔扇，是落地式的，既是门，又是有窗的特征，也作屏风和隔断之用。当地百姓称之为“长扇落地窗”，因为既是进出室内外的通道，又起到窗的作用。长隔扇是古镇建筑中常见的一种门形，用于间隔厅堂与天井的空间，既有窗的透

（a）短隔扇

（b）长隔扇

图3–23　隔扇门

光、透气、借景的功能；同时又有门的封闭、出入之功能。由横披、窗棂、绦环板和挡板四部分构成，依照厅的尺度分为4扇、6扇不等。炎热夏季，可以打开长隔扇，厅堂与天井融为一体，不仅连通了空间，还可与天井中的壶中天地对话，与自然亲近。当寒冬到来时，关上长隔扇，糊上一层纱或宣纸，室内也可见光，天井中的天光借助于长隔扇的窗棂照射于厅堂之中，呈现一种朦胧、含蓄的美（图3–23）。

（三）屏门

屏门主要指遮隔内外院或遮隔正院与跨院的门，在设有垂花门的建筑中，一般用于垂花门的后檐柱、室内明间后金柱间、大门后檐柱以及庭院内的随墙门，因起到屏风作用，故称“屏门”。

在浙北古镇建筑中，屏门主要用作厅堂或中堂与后半间（俗称“退堂”）之间的那一排门，一般以4扇为一组，主要隔断过堂与天井，起到平衡阴阳之气的作用。这道门在生活中亦有讲究。日常生活中，不管男女都从屏门的左右出入，当遇到婚礼时，须将屏门摘下，出嫁姑娘方可走出。当遇到葬礼时，屏门也要卸下，棺椁方可出入。从以上两个仪式来看，屏门具有一定的礼仪功能（图3–24）。

图3-24　屏门

（四）栅门

栅门是古镇建筑中特有的一种门，它不同于院墙的栅门，一般安装于临街或临河建筑的屋门外。栅门不高，一般与成年人的腰部齐平，因此又称为“齐腰栅门”。栅门由纵横木条交错而成，简洁、朴素、实用。

栅门有双扇栅门和单扇栅门两种。双扇栅门对开，有的是如意头式，有的是齐头式。单扇栅门较为普通，其门框上装有门鼻，门边安装插销，既方便出入，也可防止婴幼儿随便出入，到河边玩耍，保护小孩子的人身安全，同时亦可以保护室内隐私（图3-25）。

（五）垂花门

垂花门是中国古代建筑院落内部的门。其檐柱不落地，垂吊在屋檐下，称为“垂柱”；其下有一垂珠，通常彩绘为花瓣的形式，故被称为“垂花门”。垂花门在古镇建筑中的应用，常见于

图3-25　栅门　（a）双扇栅门　（b）单扇栅门

（a）设有垂花门的建筑

（b）垂花柱　图3–26　垂花门

建筑群内第二进建筑中和仪门砖雕门楼两侧。建筑中的垂花门位于建筑的正堂一层顶板檐下，但不与顶板二楼栏杆齐平，而是后退，与立柱平行，一字排开。因为同属于建筑的一部分，故由制作精致的木条穿插构造，两端有垂柱。垂花门又称为“二门”。

砖雕门楼中也常设垂花门，由砖雕镂而成。建筑中和砖雕门楼的垂花门均有装饰作用。

垂花门虽然小巧，但雕工细腻，颇为精巧。垂花门在建筑中占天不占地，因此垂花门内有很大的空间，可起到保护室内人隐私的作用（图3–26）。

四、窗的基本分类及特征

如果说门赋予了建筑有用的功能的话，那么窗在建筑中的地位也同样重要。浙北水乡地理环境复杂，建筑亦有不同样式和朝向，窗的结构和造型也五花八门。古代建筑以坐北朝南为最佳方位，故门通常开设在南面的中央，窗户多设置在西南、东南、东、西四个方位。南面的窗户以大门为中线，两边对应分布，东西两侧的窗户也要对应开设，这样可以维持中国风水学中的阴阳平衡。此种布局结构主藏风聚水，有利于家运昌盛。当然并不是每栋建筑中的窗子数量都相同，窗户形制是依据房屋长度、宽度和开间多少而设置的。

窗作为建筑的一部分，在《营造法式》中被称为“小木作”。做法颇有讲究，江南一带的窗子，一般先用粗木组成大格子，再用细木将大格子构造成小格子，每格二寸见方，不能过大。窗户一般不能设为六扇，二、三、四扇都可以。室内空间高的，可以在屋上方做一扇窗户，下面连接低栏杆。窗上装明瓦，或者用纸糊，但不能用深红色的纱布和梅花纹的竹帘。冬天为了能接收更多的阳光，就做大孔的风窗，孔径约一尺，在中间缠上几道线，糊上窗户纸就不会被风刮破，这样做很雅致，不过只能用在较小的居室。漆窗户大多用清漆，红、黑亮色很少见，雕花漆、彩色漆在民居建筑中也很少见。

窗子的造型特征和方位设置的目的都是一样的，主要起到排气、通风和装饰的作用。根据窗子的基本形制可以把浙北古镇民居建筑的窗子大体分为支摘窗、槛窗、漏明窗、气窗等（图3-27）。

a | b
c | d

（a）支摘窗
（b）槛窗
（c）漏明窗
（d）气窗

图3-27 建筑中窗的分类

（一）支摘窗

支摘窗一般用在厅堂的次间、梢间前后檐，庭馆及民宅房间。支窗是可以支撑的窗，摘窗是可以摘卸的窗，两者合称为“支摘窗”[图3-27（a）]。清代的支摘窗也用于槛墙上，上部为支窗，下部为摘窗，二者占据窗户的空间面积大约相等。南方建筑因夏季需要多加通风，故支窗面积大于摘窗。支窗的里扇一般做纱篦子扇，即四方格式的心条。图形有龟背、万字、步步锦等。摘窗一般设有护窗板，大多数情况下，护窗板安装于外窗。里扇为大玻璃扇，还有其他形制。窗心花样繁多，花样有“福”“禄”“寿”“万年青”“万字纹”“菱形纹”等。

（二）槛窗

槛窗为立于槛墙之上的窗子。此类窗形多用于宅第、宫殿等建筑，普通民居建筑中比较少见。槛窗造型并不复杂，它没有裙板，只有格眼、腰华板和无彰水板但制作精致、华美。槛窗比例较短，但要比槛墙高，这样可以尽可能吸引光线至室内[图3-27（b）]。

（三）漏明窗

漏明窗像闪闪发光的宝石一样镶嵌于宅第建筑的外墙和园林建筑的水榭、亭、楼阁、墙垣以及游廊一侧的墙壁中[图3-27（c）]。漏明窗发挥的是透光、采光以及借景的功能。用镂空的砖雕或瓦拼合而成，窗花多式多样，在不同的建筑中漏明窗的造型有所差异。园林中亭、台、水榭、楼阁中的漏明窗主要是借景之用，一般构造为扇形、瓶形、叶子形、梅花形等，窗心一般为空心，不做过多的装饰，目的是更好地观赏室外的风景。墙垣中的漏明窗则不同，雕饰更为复杂。墙垣中的漏明窗主要为了使墙壁透气，令建筑与园林形成一体。外墙和内墙的漏明窗也有所区别。外墙中的漏明窗是沟通建筑与外界的媒介，将院外风景借于院内。此类漏明窗一般用石雕或砖雕构成，牢固、结实。院内的漏明窗一般用于天井与备弄之间的墙壁中，起到透光、装饰的作用。这类漏明窗对材料的坚固度要求不高，用的材料丰富，有木雕、石雕、砖雕等。其造型精致、纹样丰富，有四君子纹、蕉叶纹、夔龙纹、冰裂纹、梅花纹等，根据主人的审美和喜好而定。

（四）气窗

气窗是古镇建筑中常见的一种窗式。此气窗非北方建筑的天窗。北方建筑是直接在屋顶瓦片中开天窗。古镇建筑则是在屋顶的坡面上建造垂直于坡面的、半坡式的微建筑，并在正面的一侧装上透明的窗格，是直立式的。当地人也称之为“天窗”。

在拥挤的市镇上，空间有限，建筑一般建造得较为紧凑，纵向跨度一般大于横向距离，室内采光主要借助于建筑前面的窗户。二楼的窗户因尺寸不大，采光有一定的限制，所以开气窗采天光是必要的途径，也是较为合理的一种方法［图3–27（d）］。

五、天井

人们对天井的认识，一般源于长江以南的建筑。它是由建筑组合而成的、在繁华的街市之外的家庭内部活动空间。天井是古镇普通民居和宅第建筑中常见的一种围合空间。一般指四面有房屋，或三面有房屋、另一面有围墙，或两面有房屋、另两面有围墙的中间空地。简单地讲，是上下由天地、前后左右由建筑物围合而成的空间，在这块围合空间中天空一览无余。天井作为房屋的组成部分，一般在单进或多进房屋中前后的正间中，两边为厢房包围，宽与正间同，进深与厢房等长，地面用青砖或武康石嵌铺。因面积较小，光线为高屋围堵，显得较暗，状如深井，故名“天井”。

天井本是因为建筑与建筑之间距离较近，为了室内采光而不得不构建的空间。天井是古代居住者出入最多的室外空间。建筑物的纵向跨度越深，天井的数量就越多。在同一单元组合的民居建筑中，天井也有大或小、封闭或开放之区别（图3–28）。

（a）俯视顶部
（b）仰视
（c）剖面
（d）底部

图3-28　天井

天井也被称为“壶中天地”。居住者把方寸之地规划得井井有条，利用得恰到好处。天井多为生活空间，生机盎然，树木和花草是天井中不可缺少的元素，梅兰竹菊四君子是天井中的“常客”。在封闭的天井中植上一株蜡梅，或栽上一簇竹子，透过窗户看看也颇有意境。在开放的天井中，讲究的人家还会在适当的地方摆放上太湖石以象征高山，山下筑池或有山中流水，取“高山流水”之意境。有了山水之后，加上树木花草，小院增添了不少生机和活力，也使五行金木水火土得以平衡。天井虽小，但五脏俱全。事实上，天井就是浓缩的小宇宙，满足人们生活所需之时，还体现着哲学内涵。在特定的天井中挖一眼水井或一个水池，使雨水从房屋的四面八方汇聚于此，有“四水归堂”之意。一是可以提供日常生活用水、防火灾；二是与中国对水的认识有关，水为五行之一，水生木、水性聪，其情善，而且在民间还有聚财之意。

六、廊与过街楼

廊最初是古代建筑厅堂四周的附属部分，后发展为园林中独立的建筑形式，建造因地制宜，因势取其形，是建筑艺术中最为自由的一种形式。廊因地域环境不同，因空间大小差异，因实际需要而与建筑物结合出不同造型的辅助建筑物。

（一）廊

廊有两种形式，一种为廊棚，另一种为过街楼。

廊棚高度基本与民居建筑的第一层屋檐相平，廊棚见于临河的街道之上，是浙北水乡古镇的陆上主要通道，与市河平行，顺闹市的变化而改变走向，廊棚不但是市镇上来往人群的通道，最重要的是交流的场所，是商家们交易的空间。

廊棚的建造原因有两个：一是遮风避雨。原本是公共通行的道路，建造廊棚可供行走在这条道路上的人们遮风避雨和休息，同时也为建造者提供了方便。二是房屋建造制度约束下的产物。清政府规定，对超过规定开间与高度的民居建筑征收税费，这约束了民居建筑。商家们为扩大使用空间，在公共街道上建造廊棚，大家不约而同地连接起来，既扩大了使用空间，又方便了过往行人，可谓一举多得（图3-29）。

图3-29　廊棚的构成形式

廊按照构造形态，一般分为两种：一种为一层廊棚，一般建在临河街道上，一面与建筑相连，根据构造可分为半坡式和屋脊式；另一种为两层，与建筑合为一体，凌驾于街巷之上，第一层通道架空，临街做茶馆或商铺，另设置靠椅，为晴雨天来往的人提供方便和暂时的休息，第二层凌驾于廊上，形成完整的建筑体，可供居住使用，当地居民称这种建筑形式为过街楼。

（二）骑楼、过街楼

骑楼，底层建筑沿街、后退，并以廊棚的形式留出公共空间，供行人过往；二楼则向外伸出，遮住街巷。骑楼一侧临街，另一面临水。因骑跨于街道之上，被称为“骑楼”。

过街楼，是楼阁连接道路两旁的建筑物，且构成一个整体，底层建筑不后退，二楼建筑几乎与街道宽窄相近，因其跨于街道之上，被称为“过街楼”。在浙北水乡古镇，骑楼与过街楼最大的差异是，骑楼没有连接街道两侧的建筑，过街楼则有所连接。

骑楼是浙北水乡古镇普遍存在的建筑形式。从其造型特征分析，骑楼应该是在廊的基础上产生的。基于水多地少的自然环境，普通人在繁闹的镇上想拥有较大的住宅和商品房，可以说是一种奢望。但其有一点与廊棚相同，即为了满足自身使用和生活需求空间而建造。从使用的角度看，其差异在于骑楼属于私人空间，是建筑群的一部分，建造者充分利用了街道的上空空间，并充分考虑行人的高度以使其能够顺畅通过；廊棚则既可以为私人占用，亦可为公共流动空间。

廊棚、骑楼和过街楼的出现是浙北一带居民建造房屋时遵循“占天不占地”原则的结果。骑楼和廊棚作为建筑的一部分，准确地讲是辅助建筑，它们既区别于民居建筑，又与其融为一体，它们的蜿蜒变化与自然弯曲的河道相得益彰（图3-30）。

图3-30 骑楼与过街楼 （a）骑楼 （b）过街楼

七、水阁

水阁指临水或驾空于水面上附于主体建筑的阁，是浙北古镇建筑形式的一种。古镇中的水阁建筑并非比比皆是，一般由河道的自然走势以及地理环境决定。主要遵循河道的宽度和行船范围，在不影响船只航行的前提下建造。因此，在水位较浅、河道较窄，且汊河的地方不多见。水阁因为在水上建造，不能阻隔水流，故一般以木柱或石柱作为支撑，再辅以横梁搭建。由于建筑结构简练和承重范围有限，水阁的高度很少有两层的，以一层居多。乌镇、王店、西塘的水阁较多，一般与陆上建筑相连，建筑的一部分在岸上，一部分深入水中。不同的建筑，水阁的面积大小也不一致，从对建筑的结构分析来看，主要依照自然地势环境而定。水阁的造型种类各异，但一般以半坡式居多。水阁作为主体建筑的辅助部分，根据建筑和河埠头的需求而定。有的水阁与建筑跨度等宽，直接是建筑纵深的延伸，使室内空间最大化，且河埠设在内部，起到一举两得的作用。但也有的水阁只有建筑跨度的一半宽度，另一半留出河埠头的位置，水阁不能出入河埠头。也有的水阁与河埠头相连，在水阁临水的一面开上一扇门，砌上两尺左右的台阶，这为进出河道提供了便利，为往来船只的交易提供了方便，使建筑与水亲密结合（图3-31）。

水阁的建造，不但扩大了居住者的使用空间，而且还为居住

a
b | c

（a）乌镇东栅水阁建筑
（b）练市水阁建筑
（c）乌镇西栅水阁建筑

图3–31　水阁建筑

者的日常生活和买卖提供了方便。在水阁中，可以足不出户购买生活所需的货品。水阁也是商贩们进行买卖的通道之一。小贩们不用下船，上码头就可卖掉满载的货物。买卖进行的通道是水阁的窗子，对临水而居的住户来说，这种一手交钱、一手交货的场景一直延续到20世纪70年代。

第五节　古镇建筑的外空间构成特征

古镇的水网、桥梁、河埠头、码头渐渐失去了往日的功能，亦不见昔日繁忙的商船交易景象，但大量河埠头的存在记录了古镇舟楫生活的历史，见证了古镇曾经的繁荣。作为建筑群的有机组成部分，河道的多寡、石桥的构造与形态、河埠头数量的多少说明了古镇昔日的发展情况。建筑群及辅助建筑的存在均以水环境为主线。

河道作为古代主要的交通路线，对水乡城镇的形成和发展产生了重要的作用，较大的古镇一般离水上交通线较近或有运河直接从古镇经过，如南浔、新市、唐栖、石门、崇福、王江泾。乌镇、双林、濮院、王店、新塍间接地连接着京杭运河。市镇内的水巷、小河道均与周围各乡里村落的河道相连。从一定程度上看，河道的通畅和大小是关乎古镇经济发展的重要因素。河道除了交通功能外，还是城市景观环境的一部分。大小河道在城镇中互相交织，游走在民居建筑之间，构成了丰富而多变的流动空间。河道上的桥梁也是因水而生，加上鳞次栉比的河埠头，为水乡古镇增添了空间景观。古镇的布局和构成也因此以河道为核心，“因水成街，因水成市，因水成路，水陆并行，河街相邻”是古镇的典型特征。

一、水网的类型及特征

水乡是以水著称。水乡的建筑之所以具有地域特色，与水环境分不开。古镇的布局及形成均以水为中心展开。水激活了建筑的生命，建筑又丰富了水的人文内涵。纵观浙北古镇，水道丰富之处，必是居住密集之地。反过来，频繁的居民活动使水道更加繁忙，来往船只如织，或停留在河埠头或水口码头或水阁下进行货品交易。因此，可以把水景观分为水口、市河、水弄、街巷几类。

（一）水口

水口是指两条河流交汇的地方，水流汇聚于此，形成一个较为宽广的河道或水潭。水口是风水学中吉祥的象征，是古代相地时考虑的重要因素。对南北方的村落布局、建筑构宅都有一定的影响。江南水乡村落、古镇的选址也较为讲究，水口必有两条不

图3-32　水口

同方向的河流交汇，这样交通便利，四通八达（图3-32）。

水口所在之地，建筑群较为密集，船只往来繁忙。此乃做生意人的首选之地。水口的开阔与否取决于当地的地理环境。因此，水口的特征也呈现多样化。如果是东西河道与南北河道交汇，没有改变走向的就构成“十”字形；如果是东西河道在拐弯处与南北河道交汇成一条河道，就构成三角形；也有的是东西河道与南北河道垂直而构成“丁”字形；还有的是河水都在拐弯处交汇，形成巨大的水潭，可能是圆形或椭圆形。如新市古镇有一水口，被当地人视作风水宝地，由于水道纵横交错，形成了一三角形的深潭，因环境优美，犹如仙境，故称“仙潭”。

水口是居住者的首选之地。如新市仙潭，通过现存的民国初的建筑可以看出，富有人家均聚居在水口（仙潭）周围，这里也是文人学士的隐居首选地，更是受到商家的青睐。

（二）市河

市河的功能与价值体现在古镇现存的建筑中。在以水路交通为主的古代，市河的作用比古镇的街道显得更为重要。市河是古镇百姓出入和商人开展贸易的最重要通道。在市河两岸，鳞次栉比的建筑虽然已经破旧不堪或已被重新修葺，但依稀可见的揽船石，石阶层次分明的码头、河埠却反映出市河的功能与重要价值。

市河是物资出入或直接交易的场所，所以也可以称之为“水上市场”。有的商家把货运进来，不用上岸就直接分流至各地开来的船只上，有的则直接转至商铺的水上货仓，这样既不占用码头空间，又节省人力、物力。市河除了是交通要道之外，公共码头也设在河道的某处，成为水上商品交流的出入口。市河所具备的优势是三尺见方的街市所不及的。街市与河市一般并排，形成水陆并行的双重集市景观。这种场景只有从现存的街市与河道的码头可见一二（图3–33）。

（三）水弄

“水弄”是“水弄堂”的简称。它的特征与陆上弄堂很像，由建筑夹道而成，曲、窄、幽、邃是两者的共同特点。不同的是构成性质，一种为水构成，另一种为陆地构成。

水弄一般远离市河，由河道较窄、无法通行大型船的支河（汊河）构成。河道可以出入小型船只，河道两旁的建筑也较为密集，一般背对河道而建。有的建筑正面为商铺，形成小街市，有的纯粹是居民区。当然，也有的建筑面向河道，但较少见。在河道两旁较宽的地方筑有狭窄的河埠头，与建筑的后门相接，居民可由此出入水上通道。水弄虽隐藏于建筑中间，与街市相隔，但与市河或外河相接。较为富有人家还把水弄直接与建筑相接，作为逃生或应急的重要出入口。

图3-33　市河

水弄因为远离街市，又被高而密集的建筑夹道，常年接受阳光的时间较少，显得较为幽暗、深邃而静谧。水弄的狭长幽深为古镇增添了一种神秘感，人们因此而驻足停留，深深被这道独特的景观所吸引（图3-34）。

图3-34　水弄

二、街巷和弄堂

街巷和弄堂因建筑而生，因百姓而活。作为建筑的公共空间和流动空间，它们承载着古镇的历史，见证着古镇的发展。古镇中的街巷虽然不多，也不宽敞，但它却是商人、顾客、百姓离不开的空间。与弄堂相比较，街巷起沟通的桥梁的作用，这个约五尺宽的空间不但要包容过往的顾客与商人、还要聆听商贩们的叫卖声。最为重要的是街巷就是古镇的陆上集市空间。相比之下，弄堂则是人们出入的通道，比街巷安静得多。

（一）街巷

古镇的主街道一般与河道平行，巷则是与街道、河道垂直的内街。巷可通住户、可通庙庵、可通田野。巷与街道、河道发挥的作用不同，但也同样重要。

街道的宽度由商品交换的需要决定。一般街宽为3～4米。与四通八达的河道相比而言，街夹在两旁两层高的建筑中，显得很狭小（图3–35）。在水上交通发达的市镇上，街道是经济交流不可缺少的空间，面向街道的建筑大多是店铺，乡里之间进行货品买卖多为农产品、手工艺品，以肩挑、手提、船运为主，商品交换在街面的店铺内进行。因为不需要马车、板车之类的大型交通工具，又因受陆地面积的限制，街的一般宽度为两层建筑高度的0.5～0.7倍之间①，这样的高宽比适合空气的流通，同时也不会造成人流拥堵。修长的建筑形体和狭长的街道在空间上体现了建造者利用自然，发挥空间的智慧。河道、街巷相互取长补短，为人们出入和日常生活提供了实用的空间（图3–35）。

① 丁俊清，杨新平. 浙北民居[M]. 北京：中国建筑工业出版社，2010：84.

图3-35　街巷

（二）弄堂

生活在王店古镇的居民经常以78条弄堂为谈资，说明曾经辉煌的古镇风貌。这简短的一句话也足以说明弄堂在古镇中发挥的作用，以及古镇密集的人口和繁荣的景象。弄堂是“小巷”“巷子”的意思。弄堂与街巷相比更加狭窄，是居住在天井式院落的人们对外交流的重要通道。弄堂因建筑布局而形成，造型因建筑的走向而变化，一般与街道和河道垂直，构成“T”字形。弄堂的宽窄不是由建筑师决定的，也不是由户主决定的，而是由地理位置裁定，由水多地少的环境决定。弄堂中，最窄的仅有90厘米，最窄处仅能容一个人行走，以西塘古镇的石皮弄为代表。

弄堂按照其构成特点不同分为两种：一是居住在里巷的百姓出入街市和河道的交通要塞；二是大户人家的宅邸建筑纵向延伸后沿侧面构筑，供仆人出入及满足应急需要的通道。这种构于建筑内部的通道，当地人称之为“备弄”。弄堂看似简单而又空静幽远，却起着不可替代的作用。它不但是人们出入的通道，还是挑卖者贩卖物资、进行贸易的流动空间。从这一点上看，古镇聚落中的弄堂与上海石库门内弄堂的作用有所不同，石库门内的弄堂是人们生活、休闲的广场，弄堂里建筑的大门相对而开；而古镇弄堂因其是墙壁夹道而成，只设偏门，平日不开，相对僻静而悠远（图3-36）。

图3-36 弄堂

三、石桥的分类及特征

在水网密集的古镇，几乎所有的水网都是相通的。但居住于河道两岸的居民虽然近在咫尺，却不能直接沟通，居住于水网之间的百姓要想到达彼岸，必须划着小舟方可。尽管如此，生活还是不够方便。但桥的建造，使河岸两旁的居民，乃至整个古镇的居民增加了相互交流、沟通的机会。桥的构筑也使整个古镇连成一片、融为一体。古人“刳木为舟，剡木为楫”“逢水修桥，逢山开路”的精神在浙北古镇发挥得淋漓尽致。桥因为居民而生，所以不会因古镇的衰落而失去其实际价值。桥与建筑对古镇居民来说同等重要。桥从构造设计到建造落成，都遵循严格的程序，甚至比普通民居的意义更为深远（图3-37）。

古代，桥作为一项富民工程，被列入古代政府的工程规划。因此，有的桥甚至比建筑更古老。古代建桥会写入志史。桥是公众的，大多由政府督造，但建造桥梁的钱不一定由政府出资，来自于多种渠道的，有民间社会组织（商业组织、宗教组织等）出资建造的，有以个人名义出资建造的，桥梁的命名也因不同的来历而具有不同的意味。

桥根据河道的宽窄和实际需要而建造，以不费工、不废料，恰到好处为本。

（a）双林三孔桥

（b）双林金锁桥

（c）新市太平桥

（d）双林四孔平桥

（e）南浔通津桥

（f）南浔洪济桥

（g）濮院大德桥

（h）濮院单拱桥

（i）濮院秀桐桥

（j）西塘万安桥

（k）西塘卧龙桥

图3-37　各式各样的桥

根据构筑材料的不同，桥可分为木桥和石桥。木桥又叫“板桥”，以平整的木材构筑，几乎没有弧度。因为木材易腐朽，现已难寻古木桥的踪迹。石桥则因其牢固和耐磨损的特点而经久不衰，只有个别因年久失修而废弃。石桥因构造特征不同可分为环石桥和石梁桥。

环石桥又称“拱桥”，由凿好的有弧度的石头拼接为半圆形，半圆倒映于水中构成好似玉璧的圆形，故当地人又称之为“玉璧桥”，寓意圆满、美好。著名的环石桥有乌镇的翠波桥、王江泾的长虹桥（图3-38）、濮院的大德桥。南浔的通津桥、西塘的环秀桥（图3-39）。环石拱桥根据其洞孔造型又可分为单孔桥、三孔桥、五孔桥等，以此类推。

石梁桥，主要是以石柱支撑桥面，以横梁为依托，将长条石平铺其上，所以当地人也把这种桥称为“平桥”。平桥虽然没有厚重的桥墩，但一般会雕刻诸如莲花之类的吉祥图案，象征平安。

桥的构造所传承的是古老而高超的技艺，桥上的文字讲述着古老的桥文化和背后的历史故事。大多数桥都雕有桥联，左右各一行诗文，横批是桥名，其中包含着深刻的寓意。如环秀桥上有一副对联，为“上下影摇波底月，往来人度水中天”。这副对联用诗意的语言形象地描绘了拱形较大的桥面形成的一条弧线，就

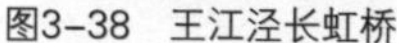

图3-38 王江泾长虹桥

图3-39 西塘环秀桥

像天上的七彩长虹，具“长虹卧波”之意。

如今，桥已成为古镇的文化景观。众多古镇中，以新市现存的桥梁居多。经新市地方文化研究学者韦秀城统计，新市现存的明、清、民国时期重建重修的古桥梁共有三十余座，录名如下：太平桥、发祥桥、驾仙桥、迎圣桥、广福桥、大顺桥、虹桥、清风桥、万安桥、望仙桥、状元桥、龙安桥、安乐南桥、保佑桥、复兴桥、虎啸桥、来凤桥、龙带桥、千秋长桥、青龙桥、斜风桥、永安大桥、永安桥、永福桥、永宁长桥、永寿高桥、佑圣桥、圣济桥、会仙桥、石泉桥、庙桥、众安桥、阳庄塘桥等。其造型既有拱桥，也有平桥，拱桥又有七孔、五孔、三孔、单孔之分。

再看《乌青镇志》中记载的西栅桥的数量：

“桥梁”跨镇南北河十桥，跨镇西河七桥，跨镇东河两桥，乌镇街自南至北凡十二桥，乌镇西街自安利桥至西栅凡八桥，青镇街自南至北凡八桥，青镇东街两桥，乌镇西南隅二十六桥，乌镇西北隅九桥，青镇东南北隅十六桥。[①]

上述共桥梁100座，不包括废弃的。桥虽多，但不会混淆。因为根据建桥者、出资者还有当地历史，桥梁有不同的名字，且颇具寓意，如与佛教有关的如普安桥、普济桥、普利桥、大悲桥、望佛桥等，与道教有关的如望仙桥、寿源桥，与望族姓氏有关的如顾家桥、濮家桥、全家板桥，与地名有关的如冶坊桥（因接冶坊故名）等，与黎民百姓有关的如太平桥、永安桥、福民桥、永隆桥，以皇帝年号命名的如淳熙桥（因宋淳熙年间建造），以祈求多生子嗣而命名的如百子桥等，以景色命名的如望月桥、青云桥、翠波桥等，以吉祥物命名的如狮子桥、白莲桥等。

古镇的桥、水、船、建筑共同构成了诗情画意般的美。桥

① 卢学溥修，朱仲璋，张季易纂．乌青镇志[G]．民国25年刻本．卷十三：1–13.

也因此被众多文人抒情于笔下，也常常被当地文人当作诗词歌赋的背景。

《乌青镇志》艺文卷“六桥风景”：

由平等桥逶迤至梯云桥约三里许，水极纡曲桥有六，而庆元桥居其中。按镇志桥之南为沈左藏故宅，桥之北为沈知丞故宅……

《新市镇志》艺文卷“浣溪沙泊望仙桥月夜留客”：

晚色清凉入画船，云峰飞尽玉为天，疏飔自为月褰帘，细酌流霞居且住，更深风月更清妍，为谁凄断小桥边。

朱彝尊《鸳湖棹歌》七十五：

春绢秋罗软胜绵，折枝花小样争传。舟移濮九娘桥宿，夜半鸣梭搅客眠。

在浙北古镇现存的桥梁建筑中，最富有文化价值的还属双林的三姐妹桥（图3-40）。据《东西林汇考》记载，双林历史上曾有桥125座，其中始建于宋代的4座，元代的1座，明代的13座，清代的35座。虽经沧桑变迁，大部分已废圮湮没，但镇区尚有21

a | b | c

（a）万元桥
（b）化成桥
（c）万魁桥

图3-40 三姐妹桥

座之多。但在双林调研走访时，当地居民一定会推荐三姐妹桥，可见这几座桥在当地百姓心中的地位。当地居民所指的三姐妹桥位于镇北，横卧于水波之上，从西向东依次排列，桥名分别为“万元”“化成”“万魁”。三桥始建于明代以前，现均为市级文物保护单位。桥长均为50米左右，空间水平相距不到360米，为江南仅有。此三桥在国内都有一定的知名度，是桥梁专家研究的对象，茅以升的《中国古代桥技术》和徐望法的《浙江古代道路交通史》等权威专著均可见载。同时，三桥作为一处文化景观，常被摄影艺术爱好者捕捉于自己的镜头中。三桥造型壮观挺拔，并列鼎峙，气势雄伟，近观依依相望，远眺层层相叠，有“姐妹”之称，又有“凤凰尾”之说。三桥结构巧妙，工艺精湛。桥上构件实用而美观，具有较高的艺术、美学价值和文化内涵。

三桥不但构筑精致，而且讲究内涵。从远处观三桥，基本特征一致，结构相同；近距离细观三桥，则区别明显。主要体现在桥名、望柱的雕刻纹样上，其中两座较为相像，望柱均雕有精美的莲花图案，桥面中心则为团形旋转莲花图形。最东面的那座万魁桥则令人眼前一亮，那成对的幼师正两相观望，高高矗立于望柱之上，有的在嬉戏，有的在注目，有的在吼叫，有的乖乖地在妈妈的怀抱中熟睡。望柱上狮子的动态以桥面为中心向两侧展开，每一组动态都成对出现于南北两面，雕刻栩栩如生、细致入微。如果不是在抗日战争时期，被日军设为碉堡而破坏了部分望柱和桥面，这座桥将会更加完美。

四、河埠头、码头、揽船石

（一）河埠头

在北方民居中，每家每户的建筑都通向街道，方便人们出行和进行农业生产活动。浙北水乡古镇的民居则不同，临水而居是建造房屋时的优先选择。河道是他们出入古镇的重要通道，河埠头和码头是居民们出入河道的平台。

河埠头是出入水上和陆地的平台和空间，因考虑到由海水涨落带来的水位升降而建。古镇的河埠头很少是平台式，大多为阶梯式。根据布局特征可分为直入式和平行式。直入式的河埠头一般与巷相通，可以供多户人家出入河道或上下船。这种河埠头形式比较简单，楼梯式的台阶直入水中，阶梯的底部以一块大石砌成平台，供洗刷日常用品之用。直入式的河埠头大多是公共使用平台（图3–41）。与直入式有着明显差异的是平行式河埠头，这类河埠头一般与河道平行。因为构造不同又可分为双落八字形和倒八字形。两者均与建筑紧密结合，大多与单元住户建筑相连，

a/b

（a）直入式

（b）双落式

图3–41 河埠头

因建筑开间大小而造型有所差异，开间大的住户临河面积也大。建造河埠头时应尽量利用有利条件，为船只出入或卸货提供更方便、更大的使用空间。如果乘坐船只穿行河道，两岸富于节奏感的石阶，间隔地浮在水面上，富有韵律。

码头是古镇不可缺少的，它是古镇的公共空间。古镇的码头与江边、海边的码头有所差异，它不是一个大的平台，而是根据空间大小因地制宜，有的砌成梯形、长方形、半圆形，也有的是波浪形。码头一般建造于镇中间或距河港交叉处不远的地方，这些地方的河道相对较宽，在不影响来往船只的情况下停靠船只，装卸货物或上下客。在码头停靠的是河埠头不能承受的大型船只，因此码头发挥的作用是巨大的，而且是经济贸易交流的重要场所。站在今天废弃的码头上，依然可以想象昔日繁忙的景象，甚至可以还原古镇的古老街景。

（二）揽船石

在浙北水乡，人们出入古镇、走亲访友、往来经贸、农耕劳作、婚丧嫁娶等均以船为主要交通工具。临河的人家几乎家家都有石砌驳岸，而驳岸中最不能少的是雕凿立体、纹样精美的揽船石，以方便自家船只停靠或来往船只歇息等。如果说河埠头、码头是古镇人们与外来商人沟通和交流的媒介，那么河埠头上带孔的小石头、码头上柱式的揽船石，则是出入的居民、来往的商贩和货船的支点。这类雕刻独特的石头被当地人称为“揽船石”或“系船石”。

与河埠头相映成趣的揽船石，与北方拴马桩或镶嵌于建筑墙体中的拴马石功能极其相似。揽船石一般置于河堤上、水埠中，也有与建筑墙体结合的。它们都起着同样的作用，共同的载体是绳子，系住重要的交通工具船。因此，小型的揽船石必须带孔，一般在整块的石头上雕凿，既牢固又美观。小小的、不起眼的揽船石，在不失使用功能的前提下，富含着深刻的寓意。如如意式的象征“万事如意”，瓶和戟结合式的象征“平升三级”，单独的瓶式象征“平安”，象鼻式的象征“吉祥”，银锭式的象征“必定如意”，等等。它承载的不单是交通工具，还有人们对美好生活的向往。

第四章

浙北水乡古镇民居建筑的雕刻艺术

梁思成先生在《中国雕塑史》中这样写道：

艺术之初，雕塑为先，盖在先民穴居野外之时，必先凿石为器，以谋生存；即后有居室，乃作绘画，故雕塑之始，实始于石器时代，艺术之最古者也。[①]

建筑雕刻艺术是中国最为古老的艺术形式之一，它随着建筑的发展而不断丰富。起着实用与审美、满足物质与精神需求的双重作用。在文字语言交流尚不发达的新石器时代，图形语言是人们反映心理和沟通的工具。从长江中下游文明的发祥地杭嘉湖平原出土的器物上可以看出，雕刻语言是最为普遍的一种装饰方法，最早见于八千年前河姆渡文化中陶盆的猪形纹饰雕刻、马家浜文化的人面兽形耳，以及崧泽文化中陶器表面的装饰纹样。而雕刻艺术的成熟则表现在良渚文化的玉琮上，其刀法犀利、细腻，图形形象突出。社会在发展过程中，物物之间相互影响，所以在建筑创造之始，雕刻也相伴而生，它们像孪生姐妹一样不离不弃，完美地结合在屋檐下、栋梁上，甚至河埠头上，在为人们提供使用空间的同时，也满足着居住者的精神需求，完成与宗教、神灵的对话。纵观嘉兴地区的古镇民居，其木雕门窗、砖雕门楼、石雕揽船石都是历史发展的见证者，具有典型的艺术特征。

第一节　雕刻艺术的种类及表现手法

因地域、生活、风俗差异，中国各地建筑呈现不同的特征，与之相结合的雕刻语言也呈现明显的地域性特征。关于建筑雕刻艺术种类的记载较早见于宋代李诫撰的《营造法式》卷十二：

① 梁思成. 中国雕塑史［M］. 天津：百花文艺出版社，2007：1.

a | b
c | d

（a）砖雕
（b）石雕
（c）木雕
（d）系船石

图4-1　建筑雕刻艺术

混作、雕插写生华、起突卷叶华、剔地洼叶华。[①]

书中虽然讲的是官方建筑的雕刻样式，但这些雕刻技法在民居建筑中也得到了广泛应用。在浙北传统古镇民居建筑中，雕刻艺术语言随处可见。宅第中较多见，且精致豪华；园林次之，简约、自然。

根据材料和用途，建筑雕刻可分为三大类。一是建筑装饰木雕。多见于门窗、梁枋、撑拱和门楣。二是建筑装饰砖雕。多见于屋脊厌胜物、瓦当、漏明砖及门楼匾额。三是揽船石雕刻，见于河埠头带孔的揽船石（图4-1）。

雕塑艺术不是单独的存在，它不仅缘于建筑结构本身的功能，还是为赋予建筑结构外在美感而设计的。其设计巧妙而不浮夸，精致而不失实用性。建筑雕刻的方法及样式包括圆雕、线雕、隐雕、剔雕和透雕。

① （宋）李诫撰，邹其昌点校：营造法式［M］. 北京：人民出版社，2006：82.

图4-2 圆雕

图4-3 高浮雕

圆雕，是三维的立体造型，整个造型周围都雕有纹饰，且可以从不同的角度观察。圆雕的制作方法最为复杂，除了要考虑纹样的完形性，还要考虑造型的主次及内外关系。在建筑中，圆雕艺术主要体现在体积较小的构件上，以牛腿和垂花柱居多。圆雕的层次较为丰富，有宽度、高度、深度。其制作方法多样化，可以是阳刻、阴刻，也可以是透雕，雕工们可以随意发挥其高超的技艺和想象力。相比浮雕，圆雕更有观赏性（图4-2）。

与雕刻复杂而难以掌握的立体圆雕不同，浮雕是古镇建筑中常见的装饰样式。浮雕因依附于物体表面、纹样像浮在水面上而得名。根据雕刻深浅不同，纹样层次多、有深度的称为“高浮雕”（图4-3），纹样层次少、没有深度的称为“浅浮雕”。大多数浮雕雕刻艺术采用的都是阴刻和阳刻相结合的手法，因此又可分为落地雕和线雕两种。

落地雕，从外观上看，是阳文显形，阳文高度与雕板外框线齐平。具体是将图案以外的空余部分剔凿下去，从而反衬出图案实体的雕刻方法。常见于落地窗中的横披、绦环板、裙板、门楣和门楼砖雕上。这种雕刻方法使雕刻的主题特别突出、醒目，容易引起关注（图4-4）。

线雕，简单地讲是以线塑形，在物质的表面进行刻、划的一

图4-4　落地雕

图 4-5　线雕

种装饰雕刻方法。多用于大门两侧的撑拱、门楣、门楼砖雕、石雕揽船石上，也有的与落地雕、透雕相结合而出现在各种雕刻配件中。其雕刻画面向二维伸展，雕刻多以线的形式表达，线条有长有短、深浅不一、层次突出、虚实结合，有中国绘画的特点，给人们呈现清晰的造型和丰富的画面效果（图4-5）。

中国古典建筑因构造与布局特点，在门、窗上常见一种通透的雕刻纹样——透雕。透雕，顾名思义是镂空雕刻，又称为“镂雕”，是将雕饰的物件镂空，使窗或门两面都有可观性。透雕在门窗中的使用，与门窗的透光功能有着直接的联系。门窗在建筑中的作用，相当于人脸上的嘴和眼睛，既要求有使用价值，又要求美观，否则建筑沉稳或隽秀的姿态要逊色许多。在人们物质与精神双重需求的作用下，门窗有了丰富的造型和变化。镂雕的门窗，可以使居住在屋内的人有足够的光线，同时雕镂的小孔可以把室外的自然景致借到室内，使人跨越时空，与自然和谐相处，这也是中国人山水园林精神的充分展现（图4-6）。

图 4-6　透雕

第二节 门楼砖雕艺术

一、砖雕门楼的特点

中国自古就有“门当户对”“书香门第”“得意门生”“鲤鱼跳龙门”“装点门面”“门庭若市”“自立门户”等成语，每个成语都有不同的典故，也有不同的意思，这足以说明门在古代人们心目中的地位。研究砖雕必须从门楼的功能和构造讲起，门楼无疑是在门上建房，因样子像楼阁，故称“门楼”，又称“门罩”。古镇建筑门楼并不普遍，因为门楼不是普通的单幢建筑都能建造的。可能是因为居住者的含蓄和低调，门楼多建在宅邸建筑的大门内侧或仪门上。一是起保护作用；二是装点门面，尽显地位；三是居住者思想和精神的延伸（图4-7）。

门楼以砖雕为主，石雕只作为底座用。砖雕是古镇门楼的点睛之笔，讲究的门楼砖雕由脊、檐、枋［上枋、下枋、中枋（匾额）］、兜肚（左兜肚和右兜肚）、垂花柱五大部分构成（图4-8）。

二、砖雕的制作工艺及雕刻内容

嘉兴地区的嘉善，其干窑盛产青砖，雕花砖也是其中产品之一。明清时期，伴随着浙北地区资本主义经济萌芽，古镇人口猛增，

图4-7 砖雕门楼

图4-8　门楼的结构

市镇迎来了繁荣发展的时代，干窑窑业随市镇经济的发展而达到了顶峰，盛产青砖，嘉善史称“千窑之镇”。除为皇宫贵族提供资源外，嘉兴地区的建筑用砖也大多来源于干窑。因此，嘉兴地区的明清古镇如西塘、新塍、乌镇、王店、濮院、乌镇的建筑门楼砖雕有可能就近采用干窑产砖雕，且湖州地区的古镇也皆有可能。

干窑砖的制作方法为先将黏土掺水，制造出相当大小的砖模，然后经过还原法烧成。因为黏土中含有氧化铁等矿物质成分，呈灰蓝色或灰黑色，所以当地人称之为“青砖”。烧成的青砖经过水磨，表面较为平整，边角精致，故又称“水磨青砖”。在青砖表面进行雕刻的叫作砖雕。

砖雕是一门复杂的雕刻工艺，是雕刻艺术的集大成者。门楼之所以成为今天众多研究者探讨的对象，除了富有深刻的文化内涵外，与其精湛的雕刻技艺也分不开。它集圆雕、透雕、浮雕、线雕为一身，既有强烈的空间感和层次感，又有中国绘画中线条的行云流水，吸纳了中国画黑、白、灰的表现手法，散点透视方法，以及平远、高远和深远的构图技巧。且砖雕的材质因来自于黏土，所以具有厚重、朴素和稳重的特点。

门楼砖雕的主体部分当属中枋上长方形匾额，文字内容丰富。同一处住宅中，门楼不止一处，每间门楼上的文字都有不同的含义。文字赋予宅院诗情画意，主要用于表达宅主人的思想和愿望。这类雕刻一般置于仪门，典型的有以家训为主导的匾额，如“铭西守世”“元亨利贞”“光辉贻后”“芝兰永吉”“诗礼传家”“孝友家传”“有容乃大”“则笃其庆”“垂裕后昆”“维和集福”“竹苞松茂”等。文字被安置于门楼的中心，从侧面反映了其存在的重要性。表面上，砖雕文字没有古诗词的押韵和朗朗上口，实则比古诗词更加精炼、博大精深。砖雕文字不是随意刻画，而是立体的书法艺术，有的是朋友或当时名人所书，还要刻上题字者的名字。最为著名的是张石铭故居门楼的匾额“竹苞松茂”，题字者为清末著名的中国画海派四家之一吴昌硕；另有一门楼匾额为“世德作求”，落款吴淦，并雕有两印。单单从匾额文字看，其包含了儒家的思想观、教育观、道德观。确切地讲，砖雕文字是集文学性和书法艺术性于一身的综合艺术（图4–9）。

匾额四周还环绕着雕刻复杂、内容丰富的各种图案，包括人物故事、飞禽走兽、植物花卉等，俨然一个微观世界。它们不是单独存在的个体，而是互相联系为一个整体，四周的雕刻纹饰烘托着匾额的文字，制造出一种浓厚深远的氛围。门楼砖雕运用什么文字、周围辅助什么图形都是有讲究的，大部分门楼砖雕设计

a	b	c
d	e	f

(a) 诗礼传家
(b) 世守西铭
(c) 竹苞松茂
(d) 芝兰永吉
(e) 有容乃大
(f) 则笃其庆

图4–9 门楼匾额

图4-10　人物砖雕

颇为相近。主要可以概括如下几类。

（一）人物故事类

一般分布于左兜肚、右兜肚及上枋。有的三个人一组，如“福禄寿”三星；有的七八个人一组，如道教八仙。长幅经典人物故事均以上枋为主，借助于不同的场景，亭台楼阁、池沼、假山、花卉植物应有尽有。另有渔樵耕读，有垂钓读书和砍柴持书两种，目的是时刻提醒家眷要勤劳，坚持不懈地学习和读书。文字和人物在砖雕门楼中如影随形，互为衬托，互相补充。

虽没有文字和声音，但人物表情刻画入木三分、动态传达准确，有“此处无声胜有声”的意境（图4-10）。

（二）吉祥禽兽类

狮，是百兽之王，民间用“狮子滚绣球”（图4-11）表示欢乐之意。据传，雌雄二狮相戏时，它们的毛纤缠在一起，滚而成球，乃吉祥之物，也是子孙旺盛的象征。凤凰，是建筑中常见的

图4-11 狮子滚绣球

传统吉祥纹样。凤凰为百鸟之王，是美丽、智慧和仁爱的象征。砖雕中的凤凰展于层层云朵之中，有吉祥照临之意。鹤，象征长寿、与松树结合寓意长生不老。古人还多用翩翩然有君子之风的白鹤，比喻具有高尚品德的贤能之士，把修身洁行而有时誉的人称为“鹤鸣之士”（图4-12）。

（三）植物花卉类

多为象征长寿的灵芝、梅兰竹菊四君子，以自由组合的方式将其展现出来；还有缠枝牡丹、盆栽牡丹、折枝牡丹、盆栽莲花，以及用于垂花柱上的缠枝莲、佛手等（图4-13）。

（四）博古类

多为象征家业稳定和鼎盛繁荣的鼎。鼎的造型以古铜鼎为范本，有三足鼎、四足鼎、方鼎、圆鼎。一般用于砖雕门楼的上下枋、左右肚兜中，木雕绦环板中也颇为常见。代表着才识和艺术品位的文房四宝在古民居建筑装饰中亦不在少数，其形态为笔、墨、纸、砚，因为这四类单独放置略显生硬，故一般情况下，以

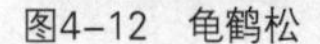

图4-12 龟鹤松

图4-13 博古与花卉

此为主题的砖雕一般以笔筒盛放毛笔，书卷或轴画代替宣纸、墨和砚台。另外，宝瓶在装饰中是不可或缺的，它代表着平安等。

图4-14　鸱吻砖雕

（五）鸱吻

鸱吻用于建筑中是厌胜物，有镇邪、灭火的功能。传说在汉代，栢梁殿火灾之后，越国巫师说东海有一种鱼鸠，尾巴像鸱，可激浪降雨，故后人们把其形象倒立，令其嘴衔屋脊，以镇火灾，预示祥兆，当时的人们称之为“鸱吻”。

在浙北水乡古镇，建筑屋脊上鸱吻虽并不多见，而是以云头如意为镇宅之瑞物，但在砖雕门楼的两脊中偶尔也可以见到。鸱吻一般用于宅第建筑的屋脊两端，两两相对，呈倒立状或口衔状，尾巴朝天。这里的鸱吻一般由黏土雕刻而烧成，作为与门楼砖雕相协调的一部分，没有彩绘，呈素青色，而且其造型特点明确，由龙头和鱼身两大部分构成（图4-14）。

鸱吻的广泛运用，与中国传统建筑材料和结构有很大的关系。中国古代建筑，包括宫廷建筑和民居建筑，均以木材为主，构思巧妙的梁柱结构支撑着沉重的屋顶，不过在梁柱之间会砌上砖墙以遮蔽阳光、暴风雨以及防止贼和鬼神入侵。木材固然有自己的优点，其温和，冬暖夏凉，但有易燃的缺点。人们为了减少火灾的发生，不但建造封火墙，在院内打井、放大缸，对鸱吻的应用也代表了其祈求平安的精神需求。

（六）云头如意式

云头如意源于古代的丝织品装饰纹样，乃祥云的样式之一。因云预示着雨的兆头，浙北建筑的屋顶多塑有砖雕的云头如意。其造型饱满，两边呈对称性，厚度与大块的青砖差不多，最为精

图4-15 镇宅瑞物——云头如意

彩的是它两面的模印纹样。此种纹样传承了汉代画像砖的制作方法，清晰、有力、不易损坏。云纹纹样以线状由下而上、左右对称性放射分布，线条饱满、层次丰富。这样做的目的，无不在强调云纹的精神功能。与鸱吻相比，云头如意略显含蓄。整体上看，云头如意体量浑厚，由三层至四层云头重复叠加起来，其底部大、顶部小，云头由饱满厚重渐变为尖状，有高耸入空的感觉。云头如意一般两两对立，成对出现，有的立于观音兜式的山墙与屋脊交会点之上，有的立于屋脊上，与门楼鸱吻的一样，起到厌胜的作用，暗示灭火、镇灾（图4-15）。

第三节　木雕艺术

中国传统建筑的木制构成特点决定了古镇民居建筑木雕存在的普遍性。建筑木雕不是随意雕刻与放置的，而是根据建筑结构不同而构筑。民居建筑虽然不像官方建筑那样有严格的制式规定，但也受官方的制约，因此在普通民居建筑中雕刻艺术并不多见，即使有雕刻装饰，也一般以素面为主。相比之下，清末的宅第建筑却或多或少地因受官方建筑的影响而尽显豪华。从门、窗到梁枋，雕刻的内容涵盖了人物、飞禽走兽、植物花卉等纹样，种类齐全，内涵丰富。不同的题材、不同的结构，其雕刻方法也颇有讲究。而这些都离不开中国传统的雕作制度。

一、关于《营造法式》中雕刻手法的解读

浙北地区宅第建筑虽然不抵宫廷建筑的奢华和尊贵，但其中的木雕基本传承了《营造法式》中的雕作方法和布局特点。《营造法式》中明确记载了雕作制度，雕作分为混作、雕插写生华、起突卷叶华和剔地洼叶华。简单地讲，就是根据图案安排布局方法及雕刻方法。

混作，指的是将神仙、飞仙、手持乐器、芝草、飞禽、走兽等运用于同一栏板、柱头、梁枋、照壁等建筑构件之上（图4-16）。

雕插写生华，是指把镂雕出来的带有花瓶或花盆的牡丹、芍药、芙蓉、莲花等安插于窗眼或壁眼中（图4-17）。

起突卷叶华，剔地起突或透突，指高浮雕和半圆雕。雕刻纹样层次丰富，凹凸对比强烈。雕刻的制高点和最低点不在同一平面上，纹饰互相交错。具体是将其花形四周的地子减低，花瓣、花叶翻卷处和枝梗穿插交搭处都镂雕成立体状。这类雕刻方法，使纹样更显饱满、视觉感强、张力十足，与厚实、稳重的建筑相协调。高浮雕多施于梁额、格子门腰板、牌板、勾栏板、云拱、寻杖头、椽头盘子及华板，垂花柱、角内若牙子板之类也均有用之（图4-18）。

图4-16　混作建筑构件

图4-17　雕插写生华

图4-18　起突卷叶华

图4-19　剔地洼叶华

图4-20　剔地透突花

剔地洼叶华，在平板上镂去花形间空隙，再用剔地起突或压地隐起雕法雕出浅浮雕。具体做法是在刨平的板材上，将纹样之外的地剔除，以地衬纹，且纹样的高度不超过板面的高度。花、叶翻卷，枝梗交搭，其地子只沿花形四周用斜刀压下，突出花形而不整个减低（图4-19）。一般以花形为主，凤凰或立于之上。此类雕刻方法，适合于月梁、绦环板、梁枋之上，层次丰富、工艺细腻。

剔地透突花，是指将地剔透，使纹饰独立于地，纹饰立体感强，细节塑造精致，又称“透雕”。透雕有自身的优点，如果安装于门窗中，可起透光的作用。当然，也有不把地雕透的，称为“高浮雕”。特点与起突卷叶华有相似之处。这类雕刻构件往往作为配件用于梁、阑额、格子门、牌带、勾栏、椽头等处（图4-20）。

二、古代雕刻手法及内容在古民居建筑中的传承

根据对古民居建筑的调研发现，普通民居和宅邸建筑中常用的装饰雕刻手法相似，内容相近，雕刻方法和雕刻内容有异曲同工之处。雕刻方法基本传承了《营造法式》中记载的传统工艺，

有圆雕、透（镂）雕、浅浮雕、高浮（立）雕，普通民居上还有线刻（也就是阴刻）。雕刻纹饰比《营造法式》中记录的更加丰富，按照题材可以分为：人物类、飞禽走兽类、植物花卉类、表号类和文字类。研究木雕艺术，应明白其用途与构建的关系，不同档次的建筑，雕刻内容和方法也有差异。

（一）人物类

木雕中的人物类雕刻最为丰富，可能是因为梁柱上可利用的空间更大，木雕中的人物比砖雕中的人物数量更多、内容量更大（图4-21）。大多以传统经典故事为主，《西厢记》《红楼梦》《西游记》居多；另有历史典故，《长坂坡》和《凤仪亭》颇为常见。所展现的故事人物并不繁多，基本上以主人公为中心展开，为了烘托气氛，还特地设计了场景，如内景以桌椅为道具，外景有山水、楼阁等。主要为突出故事情节而设定，一般用于厅堂或额枋上，或横梁上，居住者易看到的位置，运用高浮雕和浅浮雕相结合的方法，突出人物。背景和人物处于不同层次，能更加鲜明地衬托人物形象。雕刻人物就好比是一幅生动的画卷，又更像是一出完整的戏剧演出，在这个特定的舞台上，人物被活灵活现地展示出来。雕刻这些主题和内容的目的有三：一方面反映居住者的文学修养，一方面是对传统文化的传承与发扬，另一方面是寓教

图4-21　木雕人物

图4-22　戏剧故事

于乐。如对《西游记》人物故事的刻画，其复杂而曲折的故事情节，隐喻的文化内涵、宗教文化，对世人可以起到感悟人生和净化心灵的作用（图4-22）。

（二）飞禽走兽类

木雕中的飞禽雕刻比砖雕的形式更多、种类更全，但其使用目的是相同的。木雕中不但有夔龙、凤凰、仙鹤、麋鹿、羊、马等神鸟、神兽，它们均是吉祥、喜庆的象征，还有狮子。狮子因为凶猛，被称为百兽之王，用于建筑起到辟邪的作用。狮子在建筑中主要以圆雕形式出现，用于建筑廊下或木雕门楼下作撑拱。狮子都是成对出现，而且是雌雄相向，睁着圆眼，目视一切，龇牙咧嘴，形象狰狞，甚是恐怖。一般用于大门口或正门口，可以抵挡邪气的侵入。与狰狞的狮子相比较，夔龙、凤凰、仙鹤、麋鹿、羊、马相对温和，能为室内空间增添一分生机活力和祥瑞之气。这类动物往往需要植物花卉的衬托，这样才显得更加鲜活（图4-23）。

（三）植物花卉类

木雕中的植物花卉主要是仙花灵草。以莲花和牡丹为例，莲花因自身纯净的特点，颇受文人墨客的青睐，又加上莲花是佛教的圣花，寓意平安、吉祥。木雕中的莲花主要以缠枝莲、覆盆莲两种为主。缠枝莲一般用来装饰门头和月梁，多为浮雕，轻巧、细腻、飘逸、委婉。覆盆莲主要用于建筑正门外与檐廊下垂花门

图4-23　飞禽走兽

两边的垂柱头上，也有用于室内拱梁两旁的垂花柱头上的，与屋顶垂直，朝向地面，当人们仰头时可看到，柱头像盛开的莲花，层层相叠，花瓣饱满、圆润，花瓣中心还雕有颗粒饱满的莲蓬，倒挂于空中，甚是美妙。与覆盆莲相呼应的是垂花柱四周亭亭玉立的折枝莲，采用高浮雕和透雕相结合的做法，莲花更加形象、生动，楚楚动人（图4-24）。

牡丹和莲花都是中国传统文化的一部分，但牡丹比莲花稍晚出现于公众的视野。牡丹最早流行于唐代宫廷，颇受武则天的喜爱，因此被称为“花中之王”，继而成为高贵和财富的象征，贵族女子争相佩戴作为头饰。在建筑中，以折枝牡丹居多，牡丹的花瓣层次较多，如果在原木上刻出生动而立体的造型会破坏构件的使用价值，所以艺匠们用浅浮雕的方法，向四周平铺，尽显牡丹的华美与饱满感。也有雕刻缠枝牡丹的纹样，用于月梁上或房屋的横梁及梁枋。其形象恢宏、大气、热情、奔放。牡丹的气质特征决定了不宜将其装饰在体积较小的构件上。

灵芝被称为“仙草”，是长寿的象征。后与如意相结合，象征吉祥、长寿。灵芝在木雕中的出现频率是最高的，有作为撑拱

a b
c d e f

(a) 梅石
(b) 牡丹
(c) 茶花脚板
(d) 水仙花脚板
(e) 菊花脚板
(f) 牡丹垂花柱

图4-24 木雕花卉

的，也有作为窗眼装饰的。不但用于宅第建筑，也是普通民居建筑中的装饰造型之一。在现存的古镇中，灵芝图形的木雕遗存数量很多，种类丰富。有透雕、圆雕和浮雕三种方法，造型有简洁、朴素的，见于普通民居；有精致、高雅的，见于宅第建筑（图4-25）。

（四）表号类

表号在雕刻上的表现是不以所要表达的真正人物出现，而是把代表某人物的物件雕刻出来，此类纹样被称为“表号”。最为典型的表号是道教八仙人物所持的物件，代表汉钟离的是扇子，代表吕洞宾的是宝剑，代表李铁拐的是葫芦和拐杖，代表曹国舅的是阴阳板，代表蓝采和的是花篮，代表张果老的是渔鼓（也有以道情筒和拂尘代替的），代表韩湘子的是横笛，代表何仙姑的是荷花和笊篱。代表佛教教义的八吉祥纹，分别是宝伞、宝瓶、盖、盘长、螺、莲花、金鱼、法轮，这八种符号分别代表不同的含义，又称“佛教八宝”。这类纹样多用于窗子的绦环板上。道教与佛教符号的运用从侧面反映了古镇居民对宗教的笃信与虔诚（图4-26）。

a | b | c

（a）灵芝牛腿

（b）灵芝脚板

（c）灵芝门头

图4-25　灵芝

（a）宝莲

（b）宝盒

图4-26　八宝纹

（五）文字类

文字作为图形运用有近两千年的历史，史料可循至汉代瓦当艺术。文字与图形相比较而言，表达更加直接，更易懂其含义。古民居建筑设计的每一处纹样都与该建筑的功能有着直接的关系。窗子作为一处建筑的重要部分，需要匠师和居住者苦心经营。而文字的线性特点恰恰适合建筑镂空的窗格，以便于透光，此类窗格的设计大多为线形。文字用于窗棂，达到了浑然天成的境界，如张石铭故居、刘悌青故居的书房、刘承干的嘉业藏书楼。再如刘墉的小莲庄书房等，其建筑中的文字较为独特，但也有普遍运用的文字，如“福”“禄”“寿”等字。当然，文字的运用不是随着字体而设计窗棂，而是结合窗棂的特点来改变字形结构，使流传几千年的文字更好地融合到建筑中（图4-27）。

图4-27 木雕文字

第四节 石雕艺术

建筑材料的运用与地域环境有直接的关联。每一座浙北水乡古镇由若干条河道构成。石头本身较为沉重，从外地运来会花费较大，因此古镇的建筑大部分使用砖筑，材料在城镇周边就可以获取。当然，建筑在必要处也要采用石材，如石桥、门枕石、揽船石，因为功能所需，要用牢固的石材构筑。浙北地区的建筑石材，多为大理石，因为其中有芝麻大小的黑色或灰黑色斑点，故当地居民称其为“麻石”，学界称之为“武康石”。这类石材多为深紫红色（又称“武康紫石”）、土黄色（又称“武康黄石”）。另外还有灰白色、质地较细腻的石头，称为“太湖石”（图4-28）。它们多用于铺地、防护堤、建筑地基、驳岸、码头、揽船石、桥梁建筑，其中有的是素面、不经雕琢，但必要的地方会雕刻上文字如桥联，

图4-28 驳岸上的各色石头

由桥名和相适应的对联构成，有的桥面中心雕刻有轮回图案，有的石桥还设有望柱，雕纹有狮子、莲花等造型（图4-29）。除此之外，就是门枕石雕刻，简洁、朴素，以寓意丰富的暗八仙纹饰居多。当然，石雕应用最普遍的当属揽船石，在上一章已有说明。

一、石桥雕刻

石雕常用于桥梁、桥栏杆的望柱和桥面中心，按照雕刻方法可分为三种：圆雕、浮雕和阴刻纹样。按照雕刻内容可分为桥名、桥联、桥志和吉祥纹样。桥名、桥联和桥志属于文字类，其中以桥联最为突出。

（一）桥联

桥联文字雕刻在长条石上，与横向排列的石头垂直。与传统的石刻文字不同，桥联文字为浮雕式，这种雕刻方法使文字更为突出，有的怕文字不凸显，还漆以颜色。对联显然是桥梁的点睛之笔，是桥文化底蕴的见证，人们通过桥联可以更深一层地了解一座桥的历史和文化（图4-30）。以下选几幅桥联以供欣赏。

a | b
c |

（a）雕有狮子望柱的桥

（b）狮子望柱

（c）桥心石

图4-29　桥石雕刻

1. 乌镇

永安桥：

水面风来环漾翠，天心月点锁藏珠。

东傍凤舞溪乡新更永，西分乌戍水川媚斯灵。

挹秀桥：

一渠翠染诗人袖，终古波清客子心。

浦上花香追屐去，寺前塔影送船来。

图4–30 桥联

平安桥：

龙脉南来通挹秀，鲸波东去会朝宗。

福昌桥：

练水西来烟色霏微开爽气，绣溪东去日华荡漾咏晴澜。

地接青龙云集成万家井邑，波迎白马星驰来百业舟航。

福兴桥：

东迤北汇源泉远，西导南回利泽长。

百灵朝拱迎鸾日，万姓讴歌利涉年。

通济桥：

寒树烟中，尽乌戌六朝旧地；夕阳帆外，是吴兴几点远山。

通雪门开数万家，西环浙水；题桥人至三千里，北望燕京。

2. 西塘

安境桥：

南向：两水交流丁字样，双桥倒影彩虹如。

北向：泛棹清波波映月，隔花幽鸟鸟鸣春。

永宁桥：

西向：雕栏直面轿子湾，匹练横衔箬帽街。

东向：信步乍惊春水绿，凭栏常恋夕阳红。

环秀桥：

东向：船从碧玉环中过，人步彩虹带上行。

西向：上下影摇波底月，往来人度水中天。

卧龙桥：

北向：修数百年崎岖之路，造千万人来往之桥。

南向：愿人常行好事，愿天常生好人。

五福桥：

西向：人杰本地灵，五符地数；民归卜天舆，福自天中。

东向因损坏厉害，字迹模糊难辨。

3. 王江泾

长虹桥：

桥孔两侧分别为：劝世入善，愿天作福。千秋永庆，万古长龄。

桥中孔南面两侧为：淑气风光架岭送登彼岸，洞天云汉横梁步长堤。

北向：福泽长流物阜民安国泰，慈航普渡江平海晏河清。

4. 南浔

通利桥：

南向：条水南来接乌青之委，西峙碧波涵奎壁之光。

北向模糊难辨。

南安桥：

北向：半月吐流云，驱石雄开飞甃势；七星横巨浸，浮梁丕振济川功。

南向：南浦据通衢，波涵雁齿；安澜昭顺轨，彩焕虹腰。

（二）桥心石及望柱

从桥的两边向桥中心看，阶梯状石头除了错落有致外，似乎没什么特别之处。但在桥的中心砌有一块或由多块石板组成的方形石，其上雕有被磨得几近模糊和边角断续的轮回图案，因为它处于桥的中心，民间称之为“桥心石”。桥心石大多存在于拱桥上，板桥上则很少见。几乎所有的桥心石上都雕有轮回图案，有的还在轮回图案四周饰有八宝纹。轮回图案的频繁出现，也说明了一个现象，即这一地区佛教信仰的普遍性。轮回图案的共同特点是自中心点分六道向周边扩散，整体旋转，类似车轮的转动，用以表示“生死轮回”，又称“轮转”。桥面上的轮回图案虽然并不复杂，却以简洁的构架形式传达着深刻的寓意，意为众生在“三界”“六道”的生死世界中回旋不停、生死轮回、因果报应。这似乎在告诫路人，如果人生在世多做善事，死后就能转世为

图4-31　挹秀桥上遗存的狮子望柱

“天神”，或生在富贵人家；如果作恶多端，人死后就可能会被小鬼拉入地狱，来生转世为畜生、恶鬼，或出生在贫穷人家。

与桥心石形成对比的是望柱。望柱立于桥栏之上、栏板与栏板之间。望柱分为柱身和柱头两部分，柱身有八角形的，也有四边形的，以四边形居多。有的望柱较为简洁，有的雕有云纹或莲花纹。较为复杂的是狮子望柱，用狮子代替柱头，柱身通体无饰。在浙北古镇最为精彩的望柱当属双林的万魁桥望柱和乌镇东栅的挹秀桥望柱。以挹秀桥上的狮子望柱为例，其立于栏杆之上，两面相对，居左的为雄狮，右前足踏一个鞠，俗称“狮子滚绣球”，象征着权力；居右的是雌狮，左前足踏着一只小狮子，俗称“太师少师”，象征子嗣旺盛[①]（图4-31）。

古桥作为公共建筑，供人们通行，方便生活。但构造者在适当的地方雕上具有内涵的图形，无疑增添了桥的气质。对联诗文为古桥增添了儒雅气质，轮回图案见证了佛教在古镇的发扬光大，吉祥纹样代表了从士族到普通百姓的最普通愿望。古桥不但见证着古镇的变迁，还是研究传统文化的有力证据。

① 陈志强，江南六镇古桥［M］．呼和浩特：远方出版社，2007：13.

二、门枕石雕

门枕石用于大门或仪门的最下面，又称“门墩”。带有雕刻纹样的门枕石常见于宅第建筑中，普通民居极少触及。也许是因为宅主人想要表达的东西太多，所以连位于视线之后、经常遭受雨水拍打的门枕石也被刻上精美的图案。门枕石大多为鼓腹状，纹样一般雕刻在人们视线范围之内的腰线中。宅第院门的门枕石雕刻以线雕和浮雕为主，雕刻线条简练，纹样一般不过于复杂，大多为吉祥纹样，主要以暗八仙图形居多，八仙纹用于建筑入口处有接纳仙气之意。

三、揽船石雕刻

与豪华的砖雕、精致的木雕相比较，揽船石雕刻略显简单，但简单中却透露着一种朴素、自然之美。揽船石因为安置于河岸，常年遭受河水的冲刷与绳索的摩擦，岁月的痕迹更为凸显。

揽船石按照建造特征可以分为内置型和外置型。内置型揽船石体积不大，是在完整的石头内凿出凹槽。这类凹槽不是完全空心的，所以给雕凿增加了难度。因为揽船功能需求，凹槽外要留出一块实体，可以让绳索捆绑其上，因此留出的石头既不能太小，也不能太大。太小不耐用且容易扯断，太大粗一点的绳索穿不进去，影响揽船石发挥作用。单纯雕刻凹槽作为揽船石不太美观，所以在满足使用功能需求时雕工也把吉祥纹样运用其中。因为石头的坚硬性，内置型揽船石以阴刻为主，花纹简洁、朴素，造型多为人们熟悉的定胜、平升三级、如意、兽鼻、耳形。虽然揽船石样式不多，但造型方法却很丰富。与娇小的内置型揽船石相比，外置型揽船石显得很魁梧。外置型揽船石一般立于码头，其造型简单，呈柱状，且与地面垂直。由于现代城镇建设造成了河道航运功能减弱，柱状揽船石已很少见。

根据造型，揽船石还可以具体分为以下几种：

1. 柱状揽船石

柱状揽船石呈立体状，没有雕镂纹样，外立面有雕凿时留下的痕迹，凹凸不平，大部分为四方体，其形浑厚有力，稳重挺拔。一般立于水口岸上或码头上，以便于大型客船或货船停靠安全。

2. 兽鼻式揽船石

兽鼻式揽船石是浙北水乡古镇最为普遍存在的揽船石。其造型简洁、朴素。按照形状可以分为象鼻、牛鼻和狮鼻。不同的形态做法也不一致。象鼻多为半立体形，直接在一块石头上凿出鼻子的形状，形成弓形或半圆形，且形体较大，不一定镶嵌于驳岸中。牛鼻和狮鼻的做法与象鼻截然不同，鼻孔与石头平面几乎平行，只略微凸起，鼻孔内置于石头中，鼻梁两侧为两个半圆，整个外形构成一个圆形，形象生动，工艺考究。

3. 银锭式揽船石

银锭纹样是江南一带较为流行的装饰纹样，不仅见于揽船石，在民俗手工艺中也颇为常见，如女红工具绕线板。银锭一般为双面平整式。揽船石中的锭形千变万化，除保持了两头大中间小的特征外，其形状有扇形、三角形、梯形等。锭形的流行与当地风俗有直接关系，锭形来自于银锭的造型，它无疑符合人们的精神诉求，有“必定胜利”“必定有福”“必定平安”“必定有钱”的含义，被不同的人使用代表不同的含义。所以银锭纹样是揽船石中最为常见的吉祥纹样，其深受百姓喜欢。

4. 宝瓶式揽船石

吉祥纹样的谐音手法中有“瓶”同“平”，寓意平安。宝瓶常常与灵芝、如意、戟等结合，赋予了瓶更多的寓意。瓶子插一只灵芝，寓意“平安长寿”；瓶子放置如意，寓意“平安如意”，瓶子与古代兵器戟相结合，寓意“平（瓶）升三级（戟）”。宝瓶与各种不同寓意的物结合都会衍生出不同的含义。但这其中，平安当属人们关注的重点，尤其在水上行舟，不免遇上风浪、洪水，人们祈求出入平安是天经地义的。

5. 如意式揽船石

如意式揽船石以骨、角、竹、木、玉、石、铜、铁等制成，长三尺左右。和尚宣讲佛经时，也持如意，记经文于上，以备遗忘。近代的如意，长不过一、二尺，其端多作芝形、云形，因其名吉祥，以供玩赏之用。

揽船石中的如意纹饰较为简洁，主要有云头式、灵芝式两种，传达着“吉祥如意”“长寿如意”的意思。

6. 暗八仙式揽船石

暗八仙式揽船石的出现，反映了当地道教信仰的普遍性，说明道教文化深入民心。因为暗八仙的特征，并非每一种纹样都适合于雕刻揽船石，所以揽船石上的暗八仙雕刻纹样不像建筑木雕中的那样丰富多彩，在揽船石中仅可见一两种，一为玉板，二为莲花。因为八仙人物长寿而功德圆满，所以运用暗八仙于揽船石，几乎涵盖了幸福、平安、美满、长寿等诸多寓意（图4-32）。

小小的揽船石，却起着不可忽视的作用。通过它，人们得以在流动的水面上停下来；通过它，在河上做买卖的商人们可以进行商品买卖。虽然揽船石看似微小，但其上的雕刻纹样却是水乡人们精神的反映（图4-33）。

图4–32　暗八仙

(a) 平升三级
(b) 如意
(c) 锭形
(d) 如意绶带
(e) 象鼻
(f) 兽鼻绶带
(g) 万年青
(h) 兽鼻

图4–33　揽船石雕刻

第五章

建筑艺术的文化内涵

a | b | c

（a）万字如意
（b）灵芝如意
（c）垂花柱中的太极图

图5-1 道教纹样

无论古今，无论贫富贵贱，长寿、平安、幸福、如意都是人们的美好愿望。为了满足内心的需求，人们在建造房屋时，用具有美好寓意的图形装饰构件或环境，因此建筑装饰纹样是居住者思想的反映。具体表现在佛教文化、道教文化、儒家文化、具有地域特色的民间信仰等方面。建筑在人类思想和物质的构筑下，成了一个丰富的文化综合体，被赋予了灵魂。

第一节 从雕刻纹样看道教“长寿观”

长寿是古今中外人类永恒的话题。原始社会的图腾崇拜、汉代炼丹术的流行、明清吉祥纹样广泛应用于生活的各个方面，无不体现了人们对美好、长寿的追求。虽不同时代不同群族的人对长寿观念的表达有所差异，但在笃信宗教的人们心中，神灵的能力是无限大的。道教是中国固有的宗教，它随中国社会文明发展而不断充实。明清时期的浙北平原，手工业发达，经济繁荣，人们生活安定，道观林立。

据万历嘉兴府志载，嘉兴地区的道观多达上百座，名字多以“仙”“真”“玄”为主，如玄妙观、崇道宫、隐真道院、洞真道院、成真道院、天妃宫、奉真道院、崇福宫、修真道院、福清道院、翔云观等。其实不难看出，仙，指的是仙人，是信道者的敬拜对象；真，指的是真人，别称天尊、天师，具体是指道家得道成仙、洞悉宇宙和人生本源、真正觉悟的人；玄，是指天空，是神仙居住之所，有无穷变化。老子《道德经》即有载：“玄而又玄，众妙之门。”“玄”字的意思较为深刻、悠远，表明了道教的博大精深。

在长期活动的居所内，有宗教信仰的人们用雕刻语言传达居住者的信仰。构筑建筑的石雕、木雕、砖雕，与人们终相伴、长相依。这种以环境熏陶法表达信仰的方法有特定之目的，在古代人的生活中发挥着重要的作用。道教深奥的人生观和宇宙观在古镇民居建筑中有迹可循，有理可据。

在浙北民居建筑的雕刻纹饰中，道教图形以暗八仙、寿字纹、灵芝纹、夔龙纹最为常见，也是较为典型的图形（图5-1）。图形不同，运用的空间范围也有所差异。如暗八仙图形多见于长扇落地窗中的绦环板上，或窗棂中的花结上；夔龙纹则与窗棂结合，以立体通透的形式出现，为了令图形与窗棂的构造相协调，雕刻师将雕刻的图形装饰化、几何化。夔龙纹也用于砖雕门楼的边饰中。夔龙的普遍运用有特殊的意义。民间以夔龙代替龙，以寓意尊贵和智慧。龙的诞生与道教有着密切的联系。道教为中国土生土长的宗教，也是历史悠久的三大宗教之一。自形成之初，便与龙崇拜有不解之缘。辽宁红山文化的玉龙便是迄今发现最早的龙图腾，出现于原始社会晚期，是氏族崇拜的对象。当时的龙造型较为简洁，是龙的雏形。春秋时期墓室出土的“人物御龙帛画”中的龙形象变得稍为复杂，形体较长，是空中飞行的动态。画是墓室帛画，主要引导逝者升天，画中人乘着腾飞的龙，飘在空中，有得道成仙之寓意。先秦时代乘龙云游四海、乘龙升天，以及以龙沟通天人的信仰，被道教全盘继承。龙在道教中最主要的作用是助道士上天入地、沟通鬼神。

灵芝因为生长在阴暗潮湿之地，作为药材，有治百病之功效，所以寓意长寿安康。灵芝纹形式呈多样化，在浙北一带的灵芝往往与如意结合，所以又称“灵芝如意”。以灵芝如意为基本形，与蚕形结合的叫“蚕形如意”，主要用于从事蚕丝生意的商人的建筑或一般的商铺建筑，蚕形如意较为普遍，引申意为生意兴隆，经久不衰。

暗八仙纹样是明清时期普遍流行的纹样，来自于道教典故，是八仙人物所持宝物的称号。八仙指的是八个人物，他们分别是汉钟离、张果老、韩湘子、铁拐李、吕洞宾、何仙姑、蓝采和、曹国舅。他们并非天上的神仙，而是来自于不同时代、不同地区，因各具特点，代表不同人群，后经过民间流传而集合为一个群体。他们各自持有不同的宝物：汉钟离的芭蕉扇、张果老的渔鼓、韩湘子的横笛、铁拐李的铁杖及葫芦、吕洞宾的长剑、何仙姑的荷花和笊篱、蓝采和的花篮、曹国舅的玉板。道教将八仙手持的八件法器——渔鼓、宝剑、花篮、笊篱、葫芦、扇子、阴阳板、横笛。置于道观的壁画中，或做成塑像立于神龛中，供信奉者膜拜。因只采用神仙所执器物，不直接出现仙人，故称暗八仙。[①]八仙人物常常较引人注目。暗八仙则不同，常用于建筑屋脊、木雕中。传统的道教宫观常将这八件法器画成图案作为装饰，以代表八大仙人的智慧和神通。同样，用于建筑中的暗八仙，象征长寿。这几种纹样常反复用于同一栋建筑中，可见百姓对于道教“长寿观念”的真诚崇拜和执着追求（图5-2、图5-3）。

“寿”字纹代表的是人之长寿、永生之意，它出现在人们视

① 吴山．中国工艺美术大辞典[M]．南京：江苏美术出版社，1999：992.

(a) 绦环板上的卷曲式夔龙
(b) 门楼砖雕中的几何形夔龙
(c) 门楼砖雕中的寿字
(d) 窗格中镶嵌的福寿纹样
(e) 五福捧寿
(f) 祥云福至

图5-2　与长寿相关的纹样

线中的频率最高。无论普通民居、官邸、豪宅，还是宫廷建筑，“寿”字必不可少，有含蓄一点的用寿字加仙桃构成混合图案，形式上较为美观，内容上也更加丰富；还有的“寿”字较小，只作为边角装饰出现，或雕刻为花结镶嵌于窗中。总之，其寓意就是长寿。

也有用其他人物代表长寿的，福禄寿三星就是典型的代表。其中代表寿的人物，头长得像寿桃，长有长至胸部以下的胡须，手持仙杖，杖上挂有硕大的仙桃。寿星的人物形象颇受人们的喜欢。

a
b | c
d | e

(a) 南浔张静江故居石雕中的暗八仙
(b) 绦环板暗八仙之花篮
(c) 绦环板暗八仙之宝剑
(d) 绦环板暗八仙之莲花与宝盒
(e) 绦环板暗八仙之阴阳板

图5-3　暗八仙纹样

第二节　从雕刻纹样看儒家的“道德理想观”

儒家思想贯穿着中国的发展史，在江南一带，一些名学大儒在古镇定居使儒家思想根基更牢。儒家思想不但使古镇文人辈出，状元、进士、举人不胜枚举，也影响了庞大的丝商群体。

儒家思想的教育和深入与当地人对中国传统文化的传承有着很大的关系。在传统的家庭单元中，常常以忠、孝、礼、义、廉、耻来教育下一代，而这种教育方法并不是只在课堂上才有所体现。为了时刻铭记家训和礼义廉耻，建造者要求把相关内容以图形的方式表现在建筑物上，能工巧匠们以娴熟的技能和对宗教礼仪的认识把相关纹样雕刻在梁枋上、门窗上、门楼上，抬头可见，开门便知。这种视觉熏陶法是最有效的一种教育途径，俗称“环境教育法”，也是最为有效的一种传统教育方法。儒家教育主要通过雕刻一些历史故事如三国故事“长坂坡”等创造一种氛围，起到启发和训导作用（图5-4）。

在古镇民居建筑中，以“忠、孝、礼、义、廉、耻”为主题

图5-4　三国故事

的雕刻艺术多出现在文人士大夫、商人宅院的砖雕门楼上，如“鹿洞渊源”“孝友家传”“芝兰永吉”等；再如南浔张静江故居中的“有容乃大”“世守西铭”等（图5-5）。他们刻字的目的不是装饰，也不是显示自我的地位和品质，而是起警示作用。张静江就是典型的例子，其故居是纯粹的中式建筑，有序的布局与门楼雕刻内容、匾额文字等浑然一体。他以行动证明了自己对儒家文化的传承和发扬，是典型的儒家文化的践行者和传播者。

a	b
c	d
e	f
g	h
i	j

（a）世德作求
（b）竹苞松茂
（c）世守西铭
（d）有容乃大
（e）维和集福
（f）光辉贻后
（g）孝友家风
（h）棣华毓秀
（i）诗礼传家
（j）鹿洞渊源

图5-5　门楼匾额中的儒学精神

受儒学文化的熏陶，浙北古镇民风淳朴、学风兴盛。这也是浙北商人能够走遍全国乃至世界的主要原因。

第三节　从雕刻纹样看佛教的“平安幸福观”

《浙江风俗简志》载：

湖地庙宇星罗棋布，遍及城乡。稍大寺庙必藏有阴册，即主管公共谱牒。乡民子女多列名于庙中为神祇的子女，以求荫庇。遇有大病，多到庙中求签许愿求仙方。神佛诞日，乡村妇女多往礼拜。

佛教是个给人欢喜的宗教，佛陀的慈悲教义就是为了要解决众生的痛苦，给予众生快乐。佛教为民解救痛苦的精神价值观，造就了“南朝四百八十寺，多少楼台烟雨中”的绝句，同时也说明了南朝时期佛教盛行的境况。从古镇现存的佛教寺院数量也可以想象佛教在古镇的地位。由于历史文化的传承性，迄今佛教在浙北一带仍甚为流行，不管大小寺庙，香火都很旺盛，就连很多信徒家中都设有庙堂，所以佛教图形在古镇民居建筑中的运用也就不足为怪了。民居建筑中，佛教图形以“八吉祥”和“卍”字符为代表，尤其在门窗中的绦环板和花结雕刻、揽船石雕刻中居多。按照纹饰特征主要可以归纳为几种类型（图5–6）。

佛教八吉祥又叫佛教八宝，指法螺、白盖、莲花、盘长、宝瓶、宝伞、金鱼、法轮八种宝物[①]，在佛教中是祥瑞之物。这八种纹样常常放在一起使用，多出现于民居建筑第二层的窗户和长扇落地窗中的绦环板上，造型简洁，刀法行云流水，它们依次排

① 吴山. 中国工艺美术大辞典[M]. 南京：江苏美术出版社，1999：987.

开，像展开的画卷，与建筑立面融合在一起。也有分开使用这八种符号的，如盘长、莲花和宝瓶。盘长，又称“吉祥结”，象征连绵不绝，常寓意长久恒不灭。盘长通常经过变化作为窗棂格出现。莲花除了有佛教的示纯净和断灭象征外，代表一切活动的鼎盛阶段，而进行这些活动是为了避免堕入轮回之错误。神灵端坐或站立的莲花宝座象征着他们的神圣本源。这些神灵被想象成是洁白无瑕、极尽善美的，其身、语、意是绝对清净的。神灵显现在轮回之中，但他们绝没有受到不洁之物、意障和心障的污染。莲花的造型见于民居内的额枋上、垂花柱上，石桥桥墩、望柱和桥面中心的石板上，意表纯净和完美无瑕，也有平安之意。宝瓶，作为“八吉祥”清净之一的净瓶，象征吉祥清净，代表福智圆满。常与传统的戟结合，寓意平升三级。

“卍”字纹。卍字符为古代的一种咒符，一种吉祥符号，也是佛家的一种标志，寓意吉祥绵延不断。原先不做“万”读音。“卍”仅是符号，而不是文字。它是表示吉祥无比，称为吉祥海

(a) 华盖
(b) 万字如意
(c) 百结纹
(d) 回旋纹
(e) 万字纹
(f) 莲花
(g) 犀角如意

图5-6　佛教吉祥纹样

云，又称吉祥喜旋。因此，《大般若经》第三百八十一卷说，佛的手足及胸臆之前都有吉祥喜旋，以表佛的功德。唐代武则天改读“万”字，用来比喻武周吉祥万德。后经宋明清的传承，发展成日常器物的装饰性题材，常常是“卍”字连绵不断在一起，构造出变换无穷的窗棂格，一可采光、透气，二来寓意万事如意、万寿无疆等。

如意纹。“如意”一词出于印度梵语“阿娜律”，是自印度传入的佛具之一，柄端呈“心”形，用竹、骨、铜、玉制作。法师讲经时，常手持如意一柄，记经文于上，以防遗忘。如意在中国民间演变为挠痒的工具，手抓不到，意为不求人，如人之意。在民居聚落中，如意常见于揽船石、撑拱上，意味平安如意；若在建筑梁枋和撑拱上，则象征万事如意。如意与祥云结合，或与蚕宝宝相结合，具有地方特色和意味。

作为形象语言，雕刻纹样真实而生动地表现着人物、园林、场景等。通过深浅不一、高低起伏的线条变化，把人物表达得栩栩如生，把园林的意境美、场景的真实性再现在人们眼前，既直观又形象。通过留存的砖雕、木雕、石雕的样式，可以窥见传统宗教观念、审美标准，以及往日人们的生活内容。河岸两边的揽船石雕刻，使我们更多地了解了船对于水乡的作用以及价值；砖雕门楼的匾额和纹样，使我们认识了江南文人士大夫对儒家忠孝礼义廉耻的推崇及其特有的审美情趣；门楣及梁枋雕刻，使我们看到道、儒、佛思想精神的多元融合。雕刻是凝固的语言，通过雕刻艺术我们不但能触及历史，而且还能了解古代的人文思想。雕刻艺术是民居聚落的精髓所在，研究它不但让我们清晰地认识历史文化，还能让我们深刻地了解雕刻语言的价值与作用。

第六章

古镇民居建筑审美特征

古镇民居构成的多元化使建筑结构和造型设计融入了多元思想和文化。其中，商住式和普通民居建筑的造型较为简洁，装饰朴素无华；中西合璧式宅第建筑样式混合了中国古典和欧洲巴洛克式造型，装饰华丽，尽显富贵；园林宅第建筑严谨而遵守等级宗法秩序，庄严、肃穆。建筑与自然交相辉映，相得益彰，亭台楼阁榭廊散布于水岸、山巅和郁郁葱葱之中，令人甚感惬意和享受（图6-1）。

第一节　普通民居建筑的朴素美

普通民居包括普通民用建筑与商住两用式建筑，其共同特点

a | b
c

（a）中式古典建筑
（b）中西合璧式建筑
（c）园林建筑

图6-1　建筑样式

是朴素、不奢华，简洁、不累赘。从建筑学和设计艺术学的角度看，浙北水乡古镇民居建筑的墙体、柱梁、门窗造型中的直线、曲线和弧线呈现的是意蕴美，建筑装饰和材料色彩呈现的是淡雅美，建筑材料如粉墙、黑砖、黑瓦、麻石、原木等呈现的是肌理朴素美。

建筑物是由各种构成要素如墙、门、窗、台基、屋顶等组成。从设计的角度观察民居建筑，它们的构成要素具有一定的形状、大小、色彩和质感，而形状又可抽象为点、线、面、体。建筑形式美法则就表述了这些点、线、面、体以及色彩和质感的普遍组合规律。建筑中的形式语言建立在结构造型之上，蕴藏于材料之中。民居建筑的色彩和造型朴素清雅，并融入了艺术感，与结构融为一体。如精巧的窗棂设计呈现的透、漏、雅、精，跨越屋宇之上的观音兜构成曼妙柔和的曲线，黑、白灰及淡雅宁静的色调，砖、木、石材自然的纹理等（图6–2）。

图6–2　南浔百间楼

一、古镇民居建筑线形的简洁美

线是物象中最为常见的一种形式语言，不同的线条表现不同的情感特征。正是这不同的情感特征，使线在设计中有着不同的表现形式和利用价值。在艺术设计中，线是最基本的构成元素，如图形中的线，是以笔为工具，而建筑中的线条则是以材料为依托进行不同的构造，进行线的变换和组合，呈现形式是三维的。如民居建筑中窗棂、长廊的柱子、顶棚的弧线及建筑墙角构成的直线等。线条与其他的立面构成混为一体，形成了一种含蓄的自然美。曲直、方圆、长短、粗细对比的线条体现了特有的秩序和韵律。

（一）直线中彰显秩序美

直线隐藏于建筑的墙体、柱梁和门窗之中。例如长扇落地窗中的边框线、门板线、窗棂线。以窗棂为例，窗子作为建筑的眼睛，在民居建筑中起的主要作用为采光和装饰。窗棂由长、短、粗、细不同的木线条构成，形态各异、长短不一。为了追求一种宁静与庄重，艺匠们在设计一窗式时，并非随心所欲，而是有规划地进行。例如在同一扇木窗中，窗棂的尺寸要保持一致，被安排得井井有条，且与建筑的造型、比例相适应。建筑中的线条构成既抽象，又直观，这些线条看似简单，但其结构设计巧妙、合理，同时寓意深刻。例如常见的冰裂纹窗棂图案。冰裂纹的来历为数九寒冬，冰冻三尺，执棒槌或石头砸其上，冰面就会戛然一声，出现许多炸裂开的白色纹路，人们称之为冰裂纹。冰裂纹最初在瓷器上呈现，应用于家居设计和建筑设计中时，用短直线交错构成不规则的几何形构成窗棂形式。冰裂纹虽看似不规则，但实则有潜在的规律，冰裂纹以斜插的形式与另外一条木线结合，最后构成不规则的冰片。与冰裂纹结合的梅花纹，其花纹主要是用榫接和透雕的技术加以制作，用简洁的几何形构成犹如梅花片片、层层叠叠的形态，强调居住者坚韧不拔，自强不息的精神品质。此外，还有菱形、井字纹、丁字纹、万字纹、夔纹等。其中，万字纹和夔纹分别承载着万寿无疆和望子成龙的心愿。为了与建筑的方正形式吻合，万字纹和夔纹这些图案均由精巧、挺直的木线条构成，木线条有做成方形的，也有做成圆角的，以方形居多，方形可以使万字纹和夔纹看起来更加整洁、有序。实际上这也是追求实用价值的结果。这样设计的窗子，在不失美观的前提下必须最大可能地引进光线。与此同时，窗子起着借景的作用，每个窗棂中呈现的风景不尽相同，窗棂便成为沟通人与自然的媒介（图6–3）。

直线简洁、刚毅的特点在马头式封火墙的设计中也有所体现。浙北古镇地少水多，古代建筑以砖木结构为主。以水为生的水乡古镇，寸土寸金，在鳞次栉比的建筑中，为保护自家建筑免

a	b
c	d
e	f

（a）冰裂纹
（b）夔纹
（c）寿字纹
（d）龟背纹
（e）鼎纹
（f）万寿纹

图6–3 木窗中的线形纹样

图6-4 高直式封火墙

受火灾，在建筑山墙上建起阶梯式的墙壁（图6-4）。这些墙壁就是现代意义上的封火墙，其阶梯性的延伸至屋脊之顶给人们有视觉的稳定性和上升感，与垂直地面的墙角直线形成呼应，长短错落分布，打破了白色墙面的平静，使得建筑简单的造型变得丰富，建筑中一排排的直线如同五线谱，封火墙的延伸如跳动的音符，前后左右有节奏地变化，与流淌的河水形成静与动的对比，一直一曲，虚实相间。

（二）流线形的和谐美

流线的美来自于自然的造型。流线本身代表着曼妙、柔和、雅致。屋宇之上的流线有几分硬朗，但其边缘线却与弯曲的河道、流水形成统一，使环境和谐。古镇民居建筑中的流线主要体现在建筑的山墙上。山墙的构造形式常用于墙头盖瓦，做背平面的形式，主要特点是在山墙顶部做成半圆形罩于山墙上，高出屋顶，顺着山墙的坡度变化而逐渐缓缓下行，至屋檐处挑出，放眼过去犹如一条飘带在半空中，充满了生命张力。

传统观音兜的特点是线条简洁，顺着硬山顶山墙的形状构成一条完整的曲线，其特点精巧、修长，有飘逸之感（图6-5）；巴洛克式观音兜加入装饰小雕塑，变得浑厚而略显粗壮，缺点是形成的线条不够流畅、略显笨重（图6-6）。观音兜的主要作用与封火墙类似，起到隔离火的作用。观音兜在屋顶形成的曲线是浙北水乡古镇民居建筑群中的一大特色，其与建筑形成大量的整体方正、棱角分明形成对比。

（三）弧线的张力

西晋时期，建筑匠师就将弧线应用在石拱桥上，以减轻桥面的承重。在浙北水乡弧线主要是用于拱券门和山墙，主要为了实用和承重，其次才是为了美观。拱券门中弧线应用最多，弧线出现在廊棚下的过街门中，随着廊棚的高低而不尽相同（图6-7）。另外在建筑墀头中还运用了弓形弧线，主要是因为建筑第二层向外伸展，需要缓解房梁的压力。它的设计原理与桥拱和大型建筑中斗栱的作用类似，但比斗栱简单，用的材料以砖为主。弓形弧线处在建筑的山墙下端，一般为对称而立。在建筑造型中运用弧线，一是丰富了建筑的造型和视觉语言，二是扩充了古镇民居建筑的使用空间。

图6-5　观音兜式封火墙

图6-6　巴洛克式观音兜

图6-7　建筑中的各类弧线

二、古镇民居建筑的色彩朴素美

《考工记》十一章讲道：

画缋之事，杂五色。东方谓之青、南方谓之赤、西方谓之白、北方谓之黑，天谓之玄，地谓之黄。青与白相次也，赤与黑相次也，玄与黄相次也……。[①]

这段文字明确了色彩的含义、色彩运用法则及色彩搭配原理。色彩的宗教和政治含义也决定了民居建筑色彩的应用法则。

艳丽的色彩象征富贵、华丽；淡雅的色彩象征朴素、大方。在等级制度下，建筑也因为身份不同而在色彩上有所区别。如在清代，宫廷建筑用黄色，贵族宅邸用红色，官宅用黑色，民房不着色。严格的用色制度直接影响了现存浙北古镇民居建筑的色调以无彩色系为主，以灰砖、黑瓦、粉墙、原木、青石为基调，而且色彩均是建筑主材本色，青砖、黑瓦、麻石、白色的墙壁、灰色的瓦顶格调统一（图6-8）。一次加工的建筑辅材、不施粉饰的材料与朴素的建筑造型融为一体、和谐统一，使水乡古镇房屋显得庄严而肃穆，宁静而自然。建筑与清澈的河水一起，整体显现一种清新、朴素、自然之美，给人们轻松愉快之感。黑白灰无彩色的运用，还给予古镇犹如国画般的意境。

三、古镇民居建筑的肌理自然美

古镇民居建筑没有复杂的斗栱结构，也没有华丽、夺目的色彩，即使在艳阳天下还是显得那么宁静，这种外感是由建筑外在的形式决定的。古镇民居建筑材质由原木、麻石、灰砖瓦和白粉墙构成。这些材质没有过多的雕饰，以简洁取胜。工匠们师承自然，令古镇在整体上统一，如由原木构成的长廊柱子，虽没有装

① 闻人军译注. 考工记[M]. 上海：上海古籍出版社，2008：68.

图6-8　新市古镇仙潭

饰花纹和油漆，但并不粗糙，木材的自然纹理还有几分人情味。由青砖和麻石构成的铺地，有些砖被磨得高低不一、大小各异，但色泽依旧清新。与黏土烧制而成的砖比较，麻石经得起时间的磨砺，石头中黑芝麻一样的斑点与当初开凿石头留下的凹凸不平的肌理更加协调（图6-9）。当把视线从地面转向屋宇之上，历经风吹雨打的灰黑色瓦砾像古老市河表面的涟漪，层层叠叠、有节奏地排列着，与经岁月冲刷、黑白相间的斑驳粉墙更加统一，充满了古香古色的味道。建筑材质本身也是古镇沧桑历史变迁的写照，经过历史的沉淀，木材、石材、墙体、砖瓦的色泽和质感变得更加深沉，材质的陈旧使古镇的建筑、小桥、市河也显得分外老成。这些曾经记录古镇生活、百姓故事的古老建筑、街巷、古桥和石板路给人们以无限的遐想和回味。建筑材质的朴实无华、不加雕饰、朴素自然恰与古镇人们的低调、勤劳和朴实相呼应。

建筑天衣无缝的结构离不开精确的计算方法，每一处富含寓意的形体都不能脱离别具匠心的设计和精湛的制作技艺。浙北水乡古镇建筑中的形式美在于造型结构中窗棂、墙体、封火墙构成

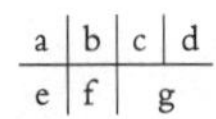

（a）墙体
（b）窗棂
（c）地板
（d）石桥
（e）铺地
（f）瓦瓴
（g）水与建筑

图6-9 建筑材料的肌理

的线形、黑白灰色彩以及朴素无华的材质。结构的形式是人们了解古建筑文化及生活方式的一个窗口，古镇建筑是文化的载体，传达着不同的思想情感，蕴含着不同的含义。现代人通过古镇建筑线条可以身临其境地体会古镇民居建筑的简约和隽秀之美，通过色彩能明白不同时代的政治制度与等级区别，通过材质的肌理和质感能跨越时空感受古镇沧桑的岁月。

建筑的形式与结构是融为一体的，反过来脱离结构的形式会使建筑失去存在的价值；而如果只讲究结构实用而抛弃形式美，那么建筑也会失去生命，无文化可谈。形式与结构缺一不可，互为支撑。

第二节　园林建筑的意境美

古镇园林主要由自然形态和建筑形态构成。园林以自然、清新、朴素、雅致为主要审美特征，这是自然形态气质的外露，是

图6-10　小莲庄全景

园主人追求闲逸野趣、师法自然的结果（图6-10）。建筑形态因功能不同而形态各异、构造巧妙，其造型和装饰传达着居住者的思想和意念，是人文精神在物质形态上的表达。通过居住者借物抒情与感物言志的生态化情感表达，自然生态与建筑形态的有机组合充分展示了对道法自然与天人合一哲学精神的运用。

一、园林的渊源

从历史学的角度看，园林是传承文化的重要载体。人类自诞生之日起，与自然生态就有着不可分离的联系。随着社会的发展、城镇的出现，人们距离自然越来越远。若要远离繁闹的市镇，摆脱世俗生活的影响，人们一般借助于在居住的庭院空间内栽培花草树木、瓜果蔬菜，这不但可以美化有限的空间，同时可供人观赏、食用；另一种是直接隐居于山林自然之中。所以尽管时代更迭，但园林依旧兴盛。园林起源于春秋战国时期，较为成熟的园林见于汉代，多为宫廷园林，是皇家贵族赏景、休闲、度假之场所，叫作“苑”，如汉代的上林苑，是典型的皇家园林。

据文献记载，私家园林在汉代初见端倪，如张骞的苜蓿园，但此时的园林面积很大，功能分明，例如上林苑和昆明池是狩猎习武和练习水战之所。上林苑中的植物多达两千多种，包含了花卉、草木、果树等奇花异草。[①]除了奇花异草外，建筑也是古代园林的重要构成部分。唐代，园林发展为奢侈、豪华之所，如华清池。到了宋代，园林不再是奢华至极之物，而发展为表露出高尚情操的宅第园林，深受文人士大夫的青睐，在不失胜景的前提下，满足居住之需求。园林从最初以自然物为观赏对象，建造度假建筑，到日常居住之所经历了上千年的历史。在漫长的发展过程中，中国园林形成了两大体系：皇家园林和私家园林两类。私家园林宅第主要由文人士大夫和商贾、巨富所拥有，以供居住和休闲。随着市镇经济的发展，明清时期的浙北地区市镇中出现了大量的私家园林，成为官宦、巨贾和士大夫身份的象征，也是其厌倦城市的繁闹，寻找安静生活和情感寄托的表达方式。

二、古镇园林的特征

古镇私家园林大多居于郊野之中，面积一般不大，大则几十亩，小则二三亩，营造者以文人士大夫和商贾为主。园林以自然生态为主体，以水为中心，以假山石点缀，建筑造型各异，亭子、水榭、游廊普遍存在，穿插交错于水岸四周，或掩映于郁郁葱葱的绿荫中，可谓是人造之仙境。

（一）山水兼备，水多山小

中国古典园林的特征是“一池三山”。古镇园林虽秉承了中国古典园林的特点，“一池”，但不一定“三山”。池一般为人工直接挖筑而成，也有的选择在临近河流之处，将园池与外在的河流连通，保持活水流动、清洁。园中的池占地面积较大，水中养

① （日本）岗大路. 中国宫苑园林史考[M]. 瀛生，译. 北京：学苑出版社，2008：27-36.

鱼，池底栽种莲花，在盛夏和中秋，都是一道美景。

与水不同，山没有流动性，是固定于某一位置，而且不是自然而然生成的山。园中的山按照材质可分为孤石山和土丘山。两类山均为人造，而非自然形成。基于园林面积不大的特点，园中山体不大，多则几十个台阶，由土、石混合，先以土堆砌小山丘，四周和顶端以太湖石砌起，构成石包土山。这类山可作观澜园中风景或休息之用。另一类山不用台阶，直接由太湖石或寿山石构成，以瘦、漏、皱、透为上品，又称为“孤石”。孤石立于园中，以峰命名，如“冠云峰”等，目的是以山的雄峻、巍峨来表达包容和豁达的心胸，同样也是对古代朴素观念“山不在高，有仙则灵，水不在深，有龙则灵，斯是陋室，惟吾德馨……”的进一步表达（图6-11）。

（二）四季常青，生机盎然

园林是有生命的机体，园内植被种类繁多，应有尽有。根据园林中的自然生态特征，可以将植被分为乔木类，如玉兰、樟树、柳树、松树、紫薇、桂花、樱花、枫树等；灌木类，如月季、丹桂、蜡梅、芙蓉、杜鹃、茉莉、迎春等；藤本类，如紫藤等；草本类，如荷花、兰花、竹子等。它们层次分明、疏密相间、光影婆娑、错落有致，造就了园林虚实结合的内在空间和若隐若现的视觉享受。植被栽培位置的形成也颇有学问，高大的乔

图6-11 山水比较

木一般单株种植、也有两三株种植的，位于自然生态的最上层；其次是灌木花卉类，根据其位置不同分为单株或多株栽培；草本植物以簇状分布较多，如满塘荷花、竹林夹道，在园林中都较为典型。园林植物栽培除了讲究层次、空间外，还注重四季常青，要使园林任何时候都充满生机（图6–12）。

（三）面积虽小，建筑俱全

建筑在园林中的功能有三：一是景观作用，二是观景平台，三是居住空间。其作用不可低估。建筑主要由亭、楼、榭、游廊构成，园林中建筑的多少和面积的大小由园林的总面积决定，一般讲究比例协调，自然与人文相互穿插（图6–13）。

图6–12 园林中的植被

图6-13　园林内的各色建筑

榭，居于水陆之上，是退隐后修学和休息的空间。在水榭中人们只需要打开长扇落地窗便可一览无余地观赏风景，如小莲庄的“退隐小榭”临水而建，曾为刘墉的书房。亭，立于水边，是造园时构成景致的要素。但是榭不一定要隐于花间，亭也不一定只能限于水边。凡是贯通泉流的竹林，据有景物的山顶，亭之安置，各有定式；选地立基，并没有准则。[①]其中以小莲庄的扇亭最为独特，它设计有道、构造巧妙，雕刻精致，工艺细腻，亭内墙壁上还镶嵌着《刘氏私园义庄计略》石刻四块，亭子被赋予了深厚的文化内涵。园林中的亭既可以作为休息赏景之去处，又可以作为会友、对弈、吟诗、谈古论今的好地方，在这里人们可以无拘无束、自由自在。

古镇园林以楼见长，楼的层数不能太高，体量也不宜过大，主要用于观赏园内景色以及会客、下棋、读书。以南浔为例，宋元以来的楼有多处，大多为读书而建，一般被命名为“晓

① （明）计成．园冶注释[M]．陈植，译．北京：中国建筑工业出版社．1988：46.

图6–14 园林中的漏明窗

寒楼”“影山楼”“依鹤楼”“心远楼”“御书阁”“抱冬楼”“太青楼”“和云楼”等。[1]这些楼阁的大小都与园子协调、统一，也象征着园主人的低调和谦逊。

> 今予所构曲廊，之字曲者，随形而弯，依势而曲。或蟠山腰，或穷水际，通花渡壑，蜿蜒无尽，斯吾园之“篆云”也。[2]

廊，原本是立于房屋四周的，但随着园林的发展，廊或逶迤于山腰，或顺水岸蜿蜒曲折。廊的最佳造型是曲廊，作用是遮风避雨，同时为人们提供最佳的观景平台。古镇园林中，廊或短或长，或直或曲，这是依据园林面积大小而定的。但有一点是相似的，廊一般是依水岸、溜墙垣而建，与亭、榭、桥相连。行走在廊中，在临河的一边人们可以移步换景，欣赏湖中或对面的风景。转弯之处设的弧形美人靠，优美动人，又是一处景致。游廊通过借景把墙外的风景借进园中，游廊中一个个漏明窗像是移动的相框，令人有欣赏不完的美景（图6–14）。

三、自然生态和建筑体现的人文关怀

园林属于造物的典范，可以说园林是人们崇尚自然、追求精神生活的结晶。随着时代更迭，政治、社会、经济环境也因之迥异。人们无论地位高低、贫富贵贱，无论是儒家文士、道家传人还是佛门弟子，无不喜好生活在风景美丽、自然清静的环境中。与自然中

---

① 周庆云纂．南浔志[G]．民国11年刻本影印：99–103.

②（明）计成撰．陈植．注释．园冶注释[M]．北京：中国建筑工业出版社．1988.

的生态相比较，园林中的“生态”是承载文化的本体，是表达情感的依托，是居住者思想与居住环境的统一体。事实上，造园就是造景，造景犹如造型，其目的是把自然形态的美汇聚于园中，让人们充分享受自然的乐趣，享受山水花木带来的灵气与画意。

在以诗书礼仪为主导的封建社会，文人士大夫深受儒家思想、道家思想和佛家禅宗思想的熏陶和影响，为了体现自我的文化涵养与抒发内心的情怀，往往寄情于园林的自然生态或建筑的结构、装饰、匾额、命名等。如亭子的命名、园子的名号，甚至于每个景观都冠以美名，这些均是建造者情感的流露和抒发。就连门楼、梁枋雕刻都与居住者的思想有密切的关系。如刘墉的“小莲庄”，朱彝尊的“曝书亭”，均体现了居住者的思想情感。意境的表达是造园者真正的目的，在情感的驱使下，园林成为一幅立体的山水画卷，掘沟引水、叠石成山、植树种花、构木筑房，每一处都是用心经营的结果，每一处自然和人文景观都表达着不同的情感和文化内涵。

四、山水情怀、诗书画意

“片山有致，寸石生情”是对园林中山石的准确表达。山，原本是地壳运动后隆起的地方，相对于平原和洼地而言，其体积大，组织结构复杂，由岩石和黏土结合而成，因为雄伟和壮丽被人们赋予了深厚的文化内涵。早在汉代，帝王的冕服上绣有十二种纹样，山就是十二种纹样之一，寓意帝王地位稳固，坚不可摧，这与山本身的特征相得益彰。在风水学中，山可以抵挡邪气；在道教中，山上有仙气，象征长寿。水，是自然中的一种元素，也是人们生息繁衍不可缺少的一部分，少量的水构成池，取其静；水多汇成大河，取其流动，属阴的水与属阳的山相呼应，放置在一起，阴阳协调。同时，水聚财，是财富的象征。山水在园林中的作用可谓是一举多得，既点缀了境，又生了情。园林中的山和水起到了画龙点睛的作用，山和水、自然物种的构成虽说是模仿了自然，但却又高于自然。因为这种境界包含着博大精深的传统文化。山、水在园林景观设计中的运用，说明了古代人对山、水的情感寄托（图6–15）。造园者不但要懂得欣赏自然风光，而且还要具备一定的艺术修养。建造园林除了从风水学中汲取营养外，设计师还从中国绘画中寻找灵感，同时还需要精通古诗词和了解儒、释、道精神。

以南浔小莲庄为例，山丘和假山的运用较为普遍。园林中的

图6–15 山石

山一般为人造，用太湖石叠加起来，又称“掇山”。在园林的有限空间内怎样掇山、掇什么样的山，要依据园林的地形特点而定。园林中的山一般为土石混合山和太湖石山，土石混合而成的山丘，面积虽不大，却大小得体，与园林大小比例协调，又有一定的高度，可以观景。与山相比，水占地面积较大，一般构成池塘，且与市镇内的河道相通。池塘是园林的小心脏，以莲池为中心，植被自然地分布于四周。在高低错落的绿色植物中，亭台楼阁“犹抱琵琶半遮面”地蕴藏其中。小石桥、长廊、水榭等自然而然地连在一起，蜿蜒于水岸之畔。园林中的花草树木有明显的四季交替，冬天可以看到绿树、竹子、蜡梅等。在园林中，建筑虽为全人工构造，但并不显得生硬，反倒添加了一份意境。建筑散布于林中、水岸，分布合理，比例协调，高低相宜，若隐若现。依地势高低，营建大小不同的亭。曲水长廊、楼阁、水榭，均可用于远望、观景，这一切与自然物态巧妙地融合为一体，显得那么和谐、得体。如果把这些看成是一幅神秘的山水画卷，那么亭、榭、楼阁的匾额、书联就好比是书写在画卷中的绝佳诗句，耐人寻味，意远悠长。万物共居于同一园中，既体现了园主人的山水情怀、也取得了诗情画意的境界。

五、借物抒情、感物言志

自然万物，皆有灵性。文人常常用中国画抒发情怀、以诗言志，目的是以物寄情。在园林中，用象征的表现手法抒发情感是较为常见的，如有梅兰竹菊四君子，松鹤万年等。在园林的立体画卷中，交叉存在着不同的自然物种，每一种物种均有自己的立身之地，或是绿荫成林，或是竹林通幽，或是莲花绽放，或是金鱼满塘，所见之物，各有其用，必有其意。其中以竹子、莲花最为常见，无论是商贾园林，还是文人士大夫园林，二物均不可少。

竹子，是中国丰富的植物物种之一，遍布南北，为古今文人墨客所赞美和歌颂。从内在的结构看，竹子空心，寓意虚心。从视觉上看，任凭风吹雨打，皆四季青翠，生命力旺盛，寓意四季常青。从美德上看，高耸如空，风吹摇曳，挺立于大地，有高风亮节。从听觉上感受，竹叶在微风中发出沙沙的涛声，彼此摩擦和碰撞，有一种音律之美。竹子因为特有的气质，被人们从大自然中移入庭院，或独立栽培，或簇拥在一起，或构成幽径。在发挥其景观作用的同时，也寄托主人的情感和精神。竹文化的演变，是历史的积淀。竹林七贤对竹子的爱已赋予竹子众多的语言；苏东坡在《于潜僧绿筠轩》中写道："宁可食无肉，不可居无竹。无肉令人瘦，无竹令人俗……"；郑板桥也在《竹石》中写道："咬定青山不放松，立根原在破岩中。千磨万击还坚劲，任尔东西南北风。"竹子是借物抒情和感物喻志之物，也是诗和画作中最常见的题材。竹子外在光滑、色泽美丽，有清华其外、澹泊其中，清雅脱俗、不作媚世之态。浙北水乡古镇园林均种有大片的竹林，竹林成为一处美丽的景致。竹子除了被文人敬、尚、爱之外，在江南一带的民间也是吉祥之物。在张石铭旧宅仪门门楼中间有一块石匾，刻有"竹苞松茂"寓意四季常青、家业兴旺。也有文人直接以竹为自己正名，据《梅里镇志》记载，朱彝尊的曝书亭内翠竹成林，是园林生态的主体部分。且朱彝尊因爱竹，号竹垞。

除竹子之外，莲花也是古镇园林中常见的植物。

佛教视莲花为圣洁、智慧的象征，普通百姓借莲花寓意美好，文人士大夫以莲花象征高洁。莲花与生俱来气质不凡，世人爱其"出淤泥而不染，濯清涟而不妖"的品质。与莲花有关的民间美术作品不胜枚举，如莲花童子图，寓意连生贵子；结婚贴并蒂莲剪纸，吃并蒂莲糕，象征男女好合，夫妻恩爱。莲谐音"廉"（洁）、"连"（生），民谚有"一品清廉"，喜联常有"比翼鸟永栖常青树，并蒂花久开勤俭家”，等等。莲花因为深厚内涵，成为浙北水乡古镇园林内不可缺少的景观，如现存的南浔小莲庄的挂瓢池，有满池的荷花；王店的曝书亭，也设有荷花池。

除最为常见的竹子、莲花之外，还有梅花、芭蕉、紫藤、茉莉等各种花卉。它们的存在，为园林增添了几分雅致，为园主人提高了品位。事实上，这些花草都融入了居住者的思想和情感，准确地讲是居住者内在情感的外在表达。

六、道法自然、天人合一

园林选址时，山水俱全是最佳选择，植树栽花、立基构筑遵守的是因地制宜，追求宛若天成的境界，这便是“道法自然”思想的拓展与应用。同时，也体现了智者乐水、仁者乐山的思想。以园林理水为例，水池的选址以洼地为最佳，易于聚四方为一心，水池的造型不是圆形，也不是方形，而是蜿蜒曲折、自然成趣。为了防止水岸塌陷，以天然的太湖石砌于四周，经得住池水长时间的击打和冲刷，而且太湖石造型天然各异，色泽沉稳，与碧水、青荷相映照，颇有一些水墨意味。再如，园林中的山虽为人工叠成，但不失自然之特征，叠石者遵循石头的结构进行巧妙的契合，在呈现山之巍峨和雄壮之感的同时，而不做作。园林是人们崇尚和迷恋自然的表现，但园林却高于自然，把人、建筑与自然三者巧妙地结合在一起，彼此联系，互为吸引。

造园的目的是让居住者充分享受自然的乐趣，抒发自己的情感和思想。浙北水乡古镇园林面积虽小，却物态丰富，凸显居、休一体特征，在这里人文与自然形态并没有互相排斥，而是和谐相处，这也是造园所达到的最高目标。有限的园林空间，也决定了园林建筑不像宅邸住宅那样中规中矩，遵循严格的宗法秩序和等级法则，园林讲究的是闲适、自然而不失内涵。同时建造人文景观时还要考虑园中风景的借用价值，使建筑因地制宜、造型别致。因此每一幢建筑既是一处景观，同时又是一个很好的观景平台。园林中的自然生态在为人们输送新鲜空气的同时充分演绎了人文精神。

第三节　中西合璧式建筑的奢华美

19世纪末通商口岸的开通，为湖商进行对外贸易和交流提供了条件。部分丝商在上海开设分号，同时还越洋过海参加世界博览会，使湖丝闻名海外，也形成了以“四象、八牛、三十二条金狗”为代表的中国近代最大的丝商团体。正是经济贸易的繁荣发展，促成了丝商财富的迅速扩大和积累。基于传统的家庭观念，人们有了钱后第一件大事便是建造宅邸、修葺房屋，南浔商人秉承了儒家思想，同时又接受了西方思想和文化的熏陶，使建筑在保持中式格局和外观的前提下，融入了欧式巴洛克风格，两者的巧妙结合与建造者的思想及生活相协调，使建筑多了一分异域风情。

在保守而传统的思想影响下，南浔古镇部分丝商仍然沿袭传统的建筑样式和装饰方法，但部分单元建筑的设计和室内装潢却以一种全新的形式展现，不是为了炫耀、也不是为了显富，而是满足生活新观念的需要。当欧洲巴洛克风格遇上中国木结构建筑，建造者以聪明才智对这两种迥异的风格进行了融合，在保持传统建筑特点的基础上加上了西方的设计，做出了大胆的尝试。当时这种建筑风格在上海滩还很少见，但是在南浔古镇却并不奇怪。

一、中西合璧式建筑的构造特点

相对于西方古建筑的宗教化、神权化，中国古建筑始终受以

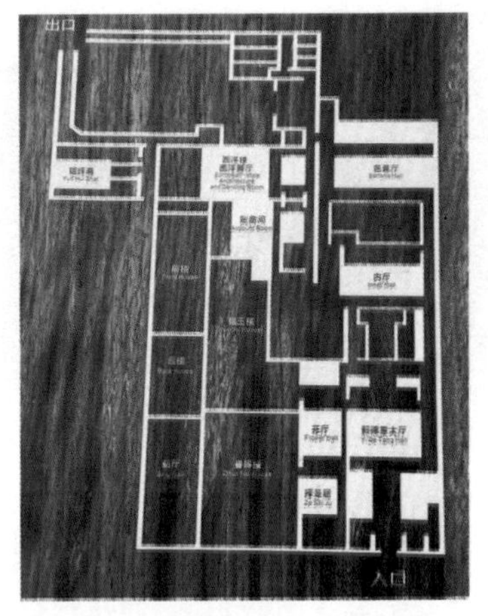

图6-16　张宅平面图

君权为核心的儒家思想的影响。无论在形制上，还是在布局上，各种建筑前后左右都有主有宾、合乎规律地排列着，实用、中庸。这体现了中国古代社会结构形态的内向性特征、宗法思想和礼教制度。西方建筑则是开放的单体，空间格局向高空发展，建筑都独立地耸立着，直接，一目了然，没有旁物的修饰也自成一体，偏重于对个人的颂扬和物质生活的享受。在开放思想和封建思想的双重影响下，中西合璧的建筑结构、造型和装饰有了新变化（图6–16）。

（一）基本特征

从建筑整体构成上看，外围组合建筑为中国传统建筑在注重围墙的平面空间、轴线、结构空间的几大风格外，内组合建筑装饰则采用了欧式巴洛克风格。巴洛克是17世纪至18世纪流行于欧洲的建筑设计风格。其实质是追求自由，反对古典的刻板。巴洛克风格最初流行于教堂设计中，运用华丽的色彩，展示雍容华贵和富丽堂皇，是财富的表现。

在南浔刘氏悌号、张石铭旧宅中，建造者把隽秀的江南古典建筑风格与张扬的巴洛克风格结合，不得不说是一种大胆的尝试和突破。从外观上看，建筑的外部与普通住宅并无两样，白墙黑瓦式的高大围墙会让我们想象到一种中规中矩的生活景象，而跨过会客大厅，深入宅院与后花园却是异样的风景。如刘氏悌号的建筑特征是有巴洛克建筑的红墙与中式建筑的黑瓦，中式建筑封火墙中的漏明窗与罗马柱、拱券式窗子、彩色玻璃，花园中的西

图6-17 西式建筑样式

式长廊与中式木构廊棚形成鲜明对比，中式假山和凉亭巧妙地融合在一起（图6-17）。而在张石铭旧宅的后院，建筑的西式风格更独立显现，墙体、门头、柱子均以巴洛克风格为主，内部设有舞厅，窗子以彩色玻璃和百叶窗为主。

（二）空间组合特征

1. 多进式住宅

传统上，宅第建筑是以“进”为单位来确认居住者的官衔和地位的，一般从宅院的大门往内庭走，分别要经过仪门到达轿厅（轿子停放的地方）、穿过天井到达正厅，最后是女厅（又称内厅，是女眷接待客人的地方）。这三大建筑同处在一条中轴线上，书房、厨房、账房等分立左右，呈对称性分布，天井式花园穿插于这些建筑之中。以南浔古镇张石铭旧宅为例，其宅院为五进式。一进为轿厅，二进为正厅，是婚嫁喜丧、节庆、祭祀祖先时聚集的场所，正厅匾额书“懿德堂”，是张石铭为纪念母亲请好友张謇所题。三进为女厅（又称内厅，是女眷接待客人的地方），与三进相连的是芭蕉厅（现代所谓的餐厅），再往后是西洋厅（内设西式舞厅），装饰格调完全是欧洲风格，第五进是后花园（图6-18）。与张石铭旧宅相比，刘悌青旧宅却没有严格的进式格局，但是从布局看，仪门、正厅、女厅、西洋厅，中西合璧式后花园等一处都不少。

图6-18 张石铭旧宅内的建筑样式

2. 外中内西

从外在看，白墙、黑瓦尽显中式风格。而走到后院，简直有点格格不入。中西合璧式住宅虽然打破了中国古典住宅的整体样式，但仍然遵从了宗族观念，不仅保留了轿厅、正厅、女厅，而且也保留了象征着家族兴旺的砖雕门楼。组合建筑的前半部分始终以中式建筑为主；后半部分则呈现西式风格，除屋顶外，西式风格在墙壁、门窗、地板、装饰、家具以及灯饰上均有体现。

二、中西合璧式建筑的装饰特点

在中西合璧式建筑中，“西”不但是指西方样式，材料的运用也是西式的，如地面瓷砖、窗子上的玻璃、室内装修用的马赛克、布艺沙发的材质等。中西文化的混合经过匠师们的加工后，多了一份味道和异域风情。

（一）彩色玻璃窗与中式窗棂的交织

玻璃原产于欧洲，早在古希腊时期就有制作玻璃器皿的工艺，也有把碎玻璃镶嵌为马赛克用来装饰室内环境。彩色玻璃流行于中世纪的教堂建筑中，五彩缤纷的彩色玻璃窗象征着美丽而富足的天国世界。文艺复兴之后，彩色玻璃多用于民居建筑的窗，尤其在洛可可和巴洛克建筑中最为常用。彩色玻璃在宅邸建筑中与西式的墙体和窗户结构相结合，有红、绿、蓝、黄、透明色等。彩色玻璃有浮雕式和平面式两种，浮雕式的以重复的几何纹构成，形成凹凸不平的效果，使玻璃更加斑斓。其中最具特色是张石铭旧宅的法国蓝晶雕花玻璃，智慧的建造师把中国小品画与欧洲的玻璃工艺完美结合。为了与中国式的建筑相互协调，不惜黄金万两，订制符合建筑样式的彩色玻璃，玻璃制造师用刻画和堆雕的方法，以线描的形式表现出蔬菜或瓜果物像的造型和特点，并镶嵌于中式的窗格内，与建筑木雕相映成趣，达到了“天人合一”的艺术境界（图6–19）。

（二）西式瓷砖与中式青砖的合理运用

地砖作为室内装饰的一部分，较为讲究，宅第中铺地的砖为青石砖。青石砖的特点是硬度较高，不易破损，易清洁，而且颜色为青色，淡雅、平静。一般用于底层建筑的内部，而且是中式装修风格的建筑内。但中西合璧式建筑则不同，为追求富丽堂皇、干净整洁，一般在正厅和西式建筑内铺以花砖。这花砖不是普通的陶砖，而是精心设计的几何形花砖。法式的地砖颇为讲究，不能随便铺设，厅堂中央部分须由四方连续的几何图形构

a | b
c | d | e

（a）中西合璧式的彩色玻璃
（b）法国蓝光雕花玻璃
（c）淡雅的暖色调玻璃
（d）淡雅的冷色调玻璃
（e）边角

图6-19　各式法国彩色玻璃

成，靠墙边的部分由二方连续的图形组合，并沿着厅堂四周无限延伸，构成完整的边线。若碰到柱子，要另外铺出方形，加以边线。这样的铺设方式有秩序感，既不会打破中国式的审美格调，同时还保留了简洁、利落的风格。法式印花砖中最为突出的为壁炉装饰砖，壁炉作为取暖用的炉子，因为长时间加热，需要较高硬度的材料方能保护墙壁和地面，这部分也成为着重表现的地方，壁炉四周的花砖纹饰与其他地砖明显不同，纹饰具有西方油画的装饰特点，以自然主义风格为主（图6-20）。

a | b | c
d | e | f

（a）八角形
（b）植物纹样
（c）几何纹、植物纹
（d）中式青砖
（e）中式马赛克
（f）中西合璧式

图6-20　中西地砖的样式

（三）中国传统装饰纹样与欧洲柱式相融合

雕梁画栋是对中国传统建筑的形容，这种建筑样式一直延续到民国时期。受传统建筑思想的影响，清末的南浔，中西合璧式宅邸建筑把西式的柱式与中国传统文化相结合。例如刘悌青旧宅，本来由石材制成的科林斯柱式转换为轻巧、精致的木质柱式，在红砖的衬托下也不显得怪异。纹样以梅花为主，用透雕方法雕刻，与修长的科林斯柱式并没有太大的反差，反倒显得清新。

随着社会的高速发展，传统建筑在与西方建筑碰撞后开始逐渐消失，纯西方建筑在中国遍地林立，如何将西方的建筑文化予以吸收并反映到中国现代建筑中？南浔中西合璧式宅第对西方文化的兼容并蓄值得现代人学习。经验告诉我们，想要保留我们“民族形式”建筑，就必须正确处理好中西方建筑文化的交汇与融合，“民族形式”既包括相袭已久的传统，也包括西方先进的建筑技术和材料，继承传统不只是继承外在的形式，而是要深入地抓住其文化内涵的精髓，将西方建筑艺术的审美意识、设计观念、哲学蕴含等发扬光大，与时俱进地吸收西方先进科学文化，应该因地制宜地使用，而不是完全照搬和滥用。中西方建筑文化的汇合和融通实际上已经成为中国民族精神与现代工艺技术和社会生活的融合，只有把这两者结合好，我们才拥有具有自己民族特色的建筑（图6-21、图6-22）。

图6-21　中西结合的纹样设计

图6-22　法国巴洛克式的雕刻与纹样设计

第七章

浙北水乡古镇民居与徽州民居的比较

（a）西递山色　（b）宏村山水

图7-1　徽州村落的环境

长期以来，有学者把江南民居与徽派民居归为一系，也有的学者把浙北民居归为苏州民居派系，更有把徽派民居和苏州民居视为“父与子”的关系。事实上，这是较为笼统的一种判断，是只注重建筑局部外形和装饰色彩的直觉判断结果。在地理环境上，浙北民居与徽派民居所处的地理位置不尽相同，前者是典型的依水布局，后者是依山坐落。况且浙北水乡与徽州的饮食文化、生活习俗和气候也有着明显的不同，致使两者的建筑空间构成形态也截然不同（图7-1）。

第一节　徽州民居的特征

一、徽州文化

徽州，原名歙州，后改为徽州，简称“徽”，又名“新安”，辖区包括今天安徽省南部与江西省东北部，并被分割为今安徽的黄山市、绩溪县、黟县、歙县、休宁县、祁门县，以及江西的婺源等市县。

徽州的地理环境以山居多，山高而陡峭，耕地相对较少。在古代，因为生活的压力，居住在山区的徽州男人外出经商，以大山一般坚不可摧的精神闯荡社会，以自己的勤劳智慧在异域他乡的工商业界崭露头角。他们背井离乡少则三五年，多则数十载，没有成就是不会归乡的。到了衣锦还乡的时候，在家乡建造宅院，以光宗耀祖。徽州人特有的精神形成了独特的徽商文化，徽商文化传播到大江南北的同时，也深深地烙在了徽州的民居建筑中。徽商文化的精髓在于儒学。如果说马头墙是徽州民居外形的代表特征，那么儒家精神则是徽州民居文化的核心。

在长达数百年的积累下，徽州人以海纳百川的包容心，勤劳智慧的商品经营方式，儒家文化的传承与发扬，以及以“宗族为核心”的价值观，形成了独具特色的徽州文化。

徽州文化简称“徽文化”，是安徽多元文化的重要组成部分，是一个极具地方特色的区域文化，其内容广博深邃，全息包容了中国封建社会后期民间经济、社会、生活与文化的基本内容，被誉为是中国封建社会后期的典型标本。

一提到徽州，大多数人会想到粉墙黛瓦的徽州民居，还有层层叠落的马头墙。马头墙是徽州建筑造型中最为典型的特色。在以梁架结构为主的建筑中，马头墙的出现无疑减少了火灾带来的局部损失，它解决的是建筑保护问题。马头墙只能算建筑结构与造型的一部分，是物质本体。儒家精神不同，它自始至终伴随着古徽州人的日常生活、人生成长、商业经营和仕途的跌宕起伏。儒家精神之所以在古徽州人心中地位稳固，与他们的家庭背景和氏族观念分不开。徽州民居建筑的统一格调与宗族文化有着千丝万缕的联系。在古徽州地区，以西递、宏村为代表的古村落，其民居建筑中间总会有一个宽敞明亮、恢宏大气的建筑群——宗祠。宗祠的建造，凸显了以“家”为核心的观念，以氏族群居模式的徽州民居也彰显了儒家思想忠、悌、孝、礼、义的传承。当然，如果要深究徽州古民居的特征，还是从选址与布局讲起。

二、徽州民居的选址与布局

（一）依山傍水，山水俱全

现存的徽州村镇民居的选址一般在两座山之间的凹地，而不是在狭窄的山谷中，也不在陡峭的悬崖峭壁之上。这样既有山上流下的溪水滋养，又有充足的阳光照耀。以古村落为例，黟县的西递、宏村，婺源的李坑，虽然相距数百里，但其共同点为，虽矗立于群山峻岭之中，但不缺少水的通流。村镇一般选在山腰或山脚的水口地，汇两山之水于山谷，构成溪流，经过人工疏浚，在村口筑一水塘，村口池塘与村内的小河相连，村内的小河与山溪相通（图7–2、图7–3）。

徽州村镇基本是依山而构、因水而生。因为山的存在使村镇避免了战乱，使当地人过着平安而宁静的生活，也使在外的徽州人无牵无挂地做生意，积累财富，造就了古村镇的繁荣景象。徽州地区的山砾石多，土质松软，以生长茶树而著名，丰沃的山区，绿树环绕、山溪川流、气候湿润，为居住在山区的人们提供

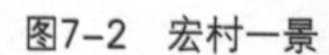
图7–2 宏村一景

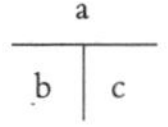

(a) 李坑河景
(b) 宏村山溪通村河
(c) 西递河

图7-3　古村落的河道

了源源不断的生命之水。从现存古村落来看，水也是一道景观，虽是涓涓细流，却清澈透亮，水汇聚在人工铸造的石沟内顺着地势通向各家住户。

徽州人理水的智慧以宏村最为典型（图7-4）。宏村的牛形村落的规划是邀请风水先生依据当地的地理、水文环境而设计，并非自然形成的。整个村落以地势较高的雷岗作为"牛首"，以参天大树（银杏）作为"牛角"，以错落有致的建筑群体作为"牛身"，以回环流淌、穿越村落之间的小溪作为"牛肠"，把月沼看作"牛胃"，最后经引流至被称作"牛肚"的南湖。当然有水就少不了桥，宏村人把建造在河流上的桥作为"牛腿"。合理而实

图7-4 宏村池塘似牛胃

用的水道系统是宏村人生存繁衍的基础，它不但为居住者提供了生活之便，还使古老的民居建筑得以保存下来（图7-4）。

（二）宗族祠堂，大气恢宏

"追源溯本，莫重于祠"，"无祠则无宗，无宗则无祖"。在明清时期的古徽州，这两句民谚流传甚广。宗祠，被尊崇为家族完整的象征，它极具凝聚力和感召力。"家必有谱，族必有祠"。宗谱和宗祠是维系宗族成员间的纽带，也是"根"之所在。徽州古镇或古村落的特点是宗族式聚居，宗族聚居的核心是家。因此其建筑以多进为主，也就是一幢空间上多重组合的建筑代表着一个家族的大或小。当然，当家族日益壮大，无法再统一居住在同一建筑群中时，就会自然分离出来，另立门户，构成单元较小的组合建筑。同一姓氏的家族建筑毗邻，建筑样式类同，但为保持宗室祖先的尊严和地位，维系家族的荣耀和"大家"的核心价值观，须建立供祭祖、议事、礼仪的公共建筑宗祠。同一宗族的民居建筑紧紧围绕在宗祠或宗庙的周围（图7-5）。

祠堂是古村落中最耀眼的建筑。以西递为例，宗族聚居是构成村落的主要元素，主要以胡姓为主。村中有胡氏宗祠两处，一处位于村中心，为西递胡氏总祠，名为“敬爱堂”，初建于明代天启年间。另一座名为追慕堂（图7-6）。因为胡姓是唐主李世民的后代，故供奉其为先祖。李世民“以铜为镜可以正衣冠，以史为镜可以知兴衰，以人为镜可以明得失”的手书，迄今还在祠堂的梁柱上镌刻着。廊柱正中立着开明君主李世民的雕像。其建筑高大，翘角犹如展翅欲飞的雄鹰，气势如虹，直穿云霄，建筑构造稳固，制作精良，从外观上看就能感受家族的强盛和繁荣。祠堂的总体布局为合院式院落，以大门和堂室最阔，为三开间，三个开间相互贯通，左右由高而厚实的墙垣连接大堂和大门，内部院落空旷、平整，以容纳本族人。祠堂建筑是本族人的脸面，是族人兴盛和财富的象征。与此同时，族人围绕宗祠而居，强调宗族和睦关系，祠堂在监督族人遵守宗法秩序的同时，激励族人奋勇前进。祠堂还是村落中宗族的眼睛，它不仅俯瞰族人的日常生活，还密切关注宗族的繁衍和发展。祠堂大小还从一定程度上反映着宗族人口的多少。宗祠还是宗族议事、祭祖的地方，它从建立那一刻起就承担着宗族人的荣耀。西递胡氏人口繁衍旺盛，到了明代有族人扩建祠堂，位于村落西南，作为对宗祠的补充，又称为支祠，名为“敬爱堂”。敬爱堂比追慕堂占地更大，院场更

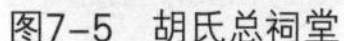

图7-5　胡氏总祠堂

图7-6　胡氏追慕堂

为宽阔，可容纳数百人。支祠的建构，是西递胡氏发展到一个高峰的见证。

（三）街窄屋深，门楼林立

徽州古镇和村落受到山脉绵延起伏的制约，一般坐落于山区，在既有阳光照射，又不受山洪危害的高岗上建造房屋。在两山之间，又不在低洼的地块少之又少。因此家族的繁衍使得建造民居时不能任意布局和构筑。另外，考虑到安全因素，建筑均建有高深的院墙。这种样式也是因财富的聚集而形成。建筑与建筑夹道而成，街窄屋深是其基本特征（图7-7）。

以保护较为完好的西递和宏村为例，建筑没有整齐地排列成行，大门也没有统一朝向，村落布局较为自由、多变，根据风水好坏而定。其街巷一般由单元建筑相夹而成，有的窄巷由两幢相隔的建筑高墙夹道而成。街道相对较宽，但也不过是过个板车，挑个担子的空间。居住在高墙和深屋内的人们，在心理上会有一种安全感。因为男人外出经商，女眷在家侍奉老人和抚养小孩，这些居住在深山的弱势人群在深宅大院中可以免受山贼侵扰。高大的院墙和层层伫立在山墙和院墙之上的封火墙除抵挡火灾、邪气之外，还起到防外人入侵的作用。

与挺拔而俊秀的高墙和封火墙相比，门楼散落在街道和古巷里，使洁白而单调的墙壁变得尊贵。在徽州古民居中，大门作为建筑的脸面，并不一味地追求高大，而且因受到古代建筑制度的

图7-7 窄巷深屋

影响，也不允许民宅大门随意建造。但聪明的徽州人却在低调而小的大门上建起了精致、优雅，富有文化内涵的门楼。此为徽州民居的经典之处，值得回味的点睛之笔。徽州大门的朝向大多向北，一反传统建筑坐北朝南、大门向南的规制。这是因为徽州经商的人居多，古有“商家大门不宜朝南，征家大门不易朝北”的说法，故受此影响，南向的大门并不多见。不管是临街而建的门楼，还是深藏在巷子里的门楼，都有异曲同工之妙。门楼的精致构造，见证了古村落特定时期的经济、文化状况，也是今天人们认识古村落发展脉络的一个窗口。

三、徽州民居建筑单元的构成

徽州古村落由宗族聚居而成，其居民的构成较为单纯，民居构成元素的多少决定了建筑单元的构成形式。在宗族文化影响下，同一姓氏的人们聚居在一起，因宗族的繁衍，分出无数个家族，这些家族不是孤立存在的。为了使家族凝聚力更强，强调以“家”为核心的价值观念，在人数没有超出一定数额时，均聚居于同一幢建筑单元内；当子孙繁衍旺盛时，另辟地块，再起楼阁。从外观上看，徽州古村落与山水共同构成一幅具有诗情画意的山水画卷，但徽州古民居建筑的内在空间结构却遵循儒家严格的等级制度，尊卑有别、男女有别、长幼有序的封建道德观表现得也十分明显（图7-8）。

徽州民居建筑纵深跨度较大，为多进式院落，也是传统上的“屋套屋”。进门为前庭，中设天井，后设厅堂住人，厅堂用中门与后厅堂隔开，后厅堂设一堂二卧室，堂室后是一道封火墙，靠墙设天井，两旁建厢房，这是第一进。第二进的结构仍为一脊分两堂，前后两天井，中有隔扇，有卧室四间，堂室两个。第三进、第四进或者往后的更多进，结构都是如此，一进套一进，形成“屋套屋”。徽州民居的这种构成方式非常普遍，例如婺源的

a
b c

(a) 徽州民居的外部空间
(b) 内部空间
(c) 雕栏装饰

图7-8 徽州民居

李坑、黟县的西递、宏村。这种屋套屋的构成使建筑布局较为紧密，居住在同一幢建筑的居民属于一个大家庭，他们的居住方式严格遵循着辈分，长者为上，幼为次。

徽州民居的结构传承了古山越人的两层干栏式住宅样式。徽州属于亚热带季风气候，常年多雨，气候湿润，木结构的居室容易返潮，一楼不适合居住，除大厅外，暗房一般做储物之用。楼上厅屋一般都比较宽敞，有厅堂、卧室和厢房，沿天井还设有"美人靠"，是深闺中女眷们的休息之所。徽州民居的二楼设施较为完善，可以供研读、会客、休息之用，满足日常生活之需求。因由高耸的围墙和建筑围合而成，徽州民居一楼的采光度会大大降低，透风性能也受到影响，为了获得足够的光线、较好的空气流通和疏导屋顶半坡的水流，每个院落都有一个规矩的小天井，收集四周屋檐之水于其中，又叫“四水归堂”，寓意肥水不流外人田。水在五行中主财。对于大部分经商的徽州人来说，有聚财之意。天井是居住在深宅之中的人们与自然沟通的通道，而且在天井中会养上盆栽和花卉，寓意生命之旺盛（图7–9）。

四、徽州民居的装饰

徽州民居以统一的色调、统一的建筑样式分布在徽州地区，没有华丽的色彩，也没有错彩镂金的雕饰，坐落于青山绿水之间，是那么的朴素、自然、恬静、优雅，与大自然构成一幅意味深长的水墨画卷。当我们亲临其中时，会惊诧、会深思、会深深地被那朴素而又精美的门窗雕饰所打动，以至于流连忘返。那镶嵌于白墙黑瓦之间造型丰富的木雕花窗，横亘于厅堂之外阳光照射后呈现迷离变幻的垂花门，安装于正屋厅堂虚实相间的长扇门，游走于高耸围墙之中的石雕漏花窗，挺立于大门之上的砖雕门楼，这些才是深藏于徽州人心中的赞美诗。通过雕刻纹饰内

图7–9　生机盎然的院落

容，我们可以了解徽州的人文精神和文化底蕴。

（一）木雕

徽州木雕雕工精湛、细腻，阴刻、阳刻兼具，融浮雕、透雕、圆雕为一体（图7-10）。徽州木雕原有的色彩与木雕纹样、建筑色彩巧妙地形成统一，没有华而不实的装饰。木雕承载着建筑的质量和徽州人博大精深的文化，在不允许错彩镂金的时代，这些朴实的原木雕刻艺术就像徽州人的教科书，传达给人们诗书礼仪文化。

徽州三雕中最突出的应该属木雕，木雕是徽州民居建筑内部空间的主要组成部分，一般不单独使用，而是与建筑构件紧密结

a
b
c

（a）木雕人物
（b）木雕飞禽
（c）木雕杂项

图7-10　徽州民居木雕

合，主要见于梁、坊、雀替、檐廊、隔扇、厅门、垂花柱，阁楼式天井四周的栏杆、栏板、檐条等处。雕刻内容广泛，以人物、山水、八宝、博古居多，花卉、飞鸟、走兽、鱼虫、云头、回纹、文字以及吉祥纹样也较为普遍。

人物类。此类木雕纹饰主要有名人轶事、以新安派为主的文学故事、戏曲唱本、民俗风情、民间传说等与徽州人民生活相关的题材，这些内容借助于梁、枋等构件进行文化传播，

山水类。雕刻的山水基本上与徽州人的生活环境休戚相关，可以说是徽州名胜的艺术再现，尤以黄山、新安江居多。

动物类。动物以吉祥神兽为主。狮子滚绣球寓意财源滚滚，大象寓意太平有象，龙纹寓意更为广泛，种类以夔龙、草龙、云龙为主，比喻地位稳固。

植物、花卉、果蔬类。植物以松树为主，花卉以梅花居多，其次有牡丹、菊花、水仙、荷花等，一般用于绦环板中，或者是镶嵌于窗格中。果蔬类雕刻也是徽州民居区别于其他民居的特征，长藤南瓜和葡萄寓意长寿，佛手、柿子等也是常见物。

文房四宝类。以书卷、笔筒较多，由此可以看出徽州人注重读书、入仕。

文字类。以“福”“寿”为主，寓意福如东海、寿比南山。

博古类。博古纹常见的为家具、青铜器、瓷器以及玉器等，家具多为花几、香几。瓷器以花瓶最为常见。博古纹的运用从侧面反映了当地人的尚古之风。

除此之外，还有中国传统的吉祥纹样，把莲花与白鹭结合寓意一路连科，凤凰与牡丹结合寓意花开富贵，松鼠与葡萄结合寓意多子多福等。

徽州木雕图形内容丰富，数量之大，囊括了中国较为经典的传统图形，展示了徽州人朴实的生活面貌。木雕图案有的独立，有的相互结合，有的连绵不断构成花边，既能独立成画，又能结

合为一体。徽州木雕在装饰建筑外观的同时赋予了徽州民居深厚的文化。

（二）门罩与砖雕

徽州民居建筑中，门罩是不可缺少的建筑形式。因为受空间的限制，门罩为半坡式屋顶，建造于门的正上方、门横木之上。按照材料构成，徽州民居的门罩有两种形式，一种为木构式，另一种为砖构式。木构式门罩筑有飞檐，构成翘角檐。从外观看，像两只飞鸟展翅飞翔。而砖构式受构造形式的影响，一般为平角檐，造型较为平缓。一般的门楼较为简洁，没有复杂的结构，也没有繁而杂的雕工。半山式屋宇和之下的平面砖和雕饰砖紧贴着墙壁构筑，砖为青灰色，与瓦的颜色相近，但没有瓦那样沉闷，在粉白色的墙壁上鲜明突出，即使雕琢精致的小图形也能显现出来（图7–11、图7–12）。

徽州民居的砖雕样式精致、繁复。其布置颇有讲究，几乎没有长篇幅的人物故事，一般以小品式的构图为主，同时以左右对称式结构布局。门楼砖雕的图形主要有：小品花卉，以兰花、菊花等为主；博古器皿，以鼎为主，其次为花瓶，鼎和花瓶并不单独存在，而是内插花卉、灵芝等；盆栽是徽州民居砖雕纹饰的特

图7–11　砖雕门楼

图7–12　砖雕脊兽

色，大多数大门门楼上都雕有该纹样，这与徽州人喜欢在院内养盆栽植物有很大的关系，盆栽在门楼上的雕饰从侧面反映了徽州人们的生活情趣；果盘，不是普通人生活中常见的使用物，但在徽州民居中却作为主要装饰表现在大门之上，这从一定程度上体现了主人生活的品质及格调；除此之外，吉祥纹样也是徽州民居门楼砖雕中不可缺少之物，其内容丰富，涵盖量大，常见的有四季平（瓶）安，太平（瓶）有象、芝兰、福寿双全、宝相花、福海等，吉祥纹样传达了徽州人对美好生活的向往以及希望家人平安的祝愿。如果说盆栽果盘、博古器皿是徽州人们的现实生活写照，那么吉祥纹样体现了徽州人们超现实主义的思想。

（三）石雕

徽州民居的窗户分内外两种，一是内窗，开向天井，为木格窗；二是外窗，开在外墙上。徽州大多数民居围墙上一般不开设窗户，如果要开，窗口开得也很小，而且以漏明窗为主。在深宅大院中四处是高高的围墙，人们的视线被围堵在狭小空间中，要想眺望外面的世界，只有仰望纵向的空间，天井虽为人们带来了阳光和明亮感，但毕竟有局限性。为了使居住在内部空间的生活不单调、乏味，同时又不失安全感，石雕漏明窗便是最好的选择（图7-13）。

徽州人设计漏明窗颇有讲究，一户人家的漏明窗没有雷同，且造型丰富，虚实结合，既能看到外面世界人的一举一动，又可以保护院内人们的隐私，一般以线形表现，而且是粗线，在保证牢固结实的前提下设计各种纹样。作为外墙漏明窗，它直白地呈现在其他人面前，代表的是院宅主人的品位、富裕或贫贱，因此，漏明窗的设计和雕刻一点都不能马虎，且要精益求精。同时纹饰的选择也很重要，它代表着园主人的思想与精神面貌。因此不同院宅中的漏明窗，雕刻的内容也不尽相同。从外形上看，漏明窗有圆形、方形，也有不规则形的。

a	b	
c	d	e
f	g	h

(a) 博古纹
(b) 定胜窗
(c) 双夔纹
(d) 单夔纹
(e) 几何夔纹
(f) 叶形
(g) 万字纹
(h) 叶中夔龙

图7-13 石雕窗

五、匾额、楹联书法中的儒家思想核心价值观

儒家文化为华夏固有价值系统的一种表现，并非通常意义上的学术或学派，它是中华法系的法理基础，是对中国以及东方文明发生过重大影响并持续至今的意识形态。

(一) 儒家思想对徽州文化的影响

儒家又称儒学、儒家学说，是中国古代最有影响的学派。儒家思想的核心是以尊卑等级的仁的核心体系。儒家思想的尊卑观表现在“君臣、父子、夫妻”三层主要关系上。这既是维护社会等级秩序的法治，又是稳定家庭关系的有效力量。

儒家思想贯穿徽州人的一生，不管是从戎、从仕还是从商，徽州人都能把儒家思想运用得恰到好处，由此产生了徽州教育、徽学、徽商、徽派建筑、徽派工艺、徽剧等。其中有可以直接看到的，当属徽派建筑；也有有记载的，或口头相传的徽州民间文学。这些都是徽州文化的代表。而最直观地呈现徽州综合文化的还属于徽派建筑。

从民居建筑内精于外可以看出徽州人不是只注重外观而忽略内在的族群。徽州人崇文重礼，儒学作为治国齐家的根本，其中的仁、义、礼、智、信深入徽州人内心，因此，在徽州民居中，正堂挂一副楹联是正堂特色，不管是从商还是其他，其内容以祖训居多。因为徽州人尊礼，厅堂中央当然少不了挂像或中堂，正上方在中堂两边挂以对联，内容一般为祖训。例如：

君子不忧还不惧，丈夫能屈也能伸。

传家礼教淳三物，华国文章本六经。

敦孝悌此乐何极，嚼诗文其味无穷。

慈孝后先人伦乐地，读书朝夕学问性天。

圣代衣冠光宇宙，儒门礼乐壮山河。

书作良田何必嫌无厚产，仁为安宅由来自有亨衢。

以上楹联很直观地传达出儒学思想在徽州人心中的地位，以及其作为传家、治家之根本的地位。

（二）建筑格局遵守的传统礼仪观念

徽派建筑格局一般为三开间，正厅位于建筑的中央，开间宽阔。其中最为耀眼的并具内涵的当属画屏两边悬挂的对联，而对联也是徽派建筑中统一的配置，但内容并不相同。对联不但具有诗意般的韵律，还要彰显祖训于里面。通过一副对联可以了解一个家庭的文化背景，经商的、做官的或从文的对联有着明显的不同。

正厅不但为会客所用，还是祭祖、婚假、丧葬等仪式举行的地方。正厅中央屏壁上都会挂上画屏，因家世背景不同而异。祖上为官的一般挂有祖像；祖上从文的一般挂有书画；普通人家的屏壁也不会空白，会挂上一些书画对联。因为徽州人不但经商，而且重学、守孝。在画屏之下是长形条几，这一家具几乎是徽派建筑正厅的必备之物，条几上摆放两只花瓶寓意平安，当引进钟表后，有钱人家在正中排放一钟表，与花瓶一起寓意终生平静。接着条几的是八仙桌，两旁置两把官帽椅，此座为长者和宾客专属。以突出长者的尊贵地位。在正厅两侧放置半月形的桌子，平时可以摆放实物杂件，也供留守在家的女眷、子女们使用。但当遇上节庆，全家团聚时，两张半圆桌合为圆桌，寓意团员美满。

徽派民居室内环境设计是独特的，厅堂的位置居于中心，突出的是长者为尊观，也是忠孝礼义的表现。家具的摆置、画屏的悬挂、对联完全凸显儒家核心思想的“礼”观。

如果把每户民宅当作一个小家单元，那么在同一姓氏聚居的中心，必有一座犹如寺庙般恢宏大气的宗祠，这里祭奠的是大家族的祖先、圣贤，是主要礼仪场所、宗族议事之地，也是对儒家“长者为尊”思想的传承。徽派民居建筑样式较为统一，从外观看不容易区分内在是园林还是宅第。但唯有宗祠较为特别，而且大门有木质门楼，其翘檐有冲天之气势，内部空间较为宽敞，建筑高大、宽敞，雕梁画栋也是少不了的。祠堂的作用就是让子孙后代不能忘本，因此其楹联不像单元住宅那样有很强的入学氛围，而是偏向歌颂祖先的功德，但会明确宗族的发展历史及来龙去脉，主要目的增强家族凝聚力，但其内容彰显的是家族内部功能有严格的区分。最终达到敬祖先、孝父母、友和睦的目的，并鼓励祖孙发奋图强、光宗耀祖。

六、博古纹饰的文人修养观

北宋大观中，徽宗命王黼等编绘宣和殿所藏古器，成《宣和博古图》三十卷。后人因此将图绘瓷、铜、玉、石等各种古器物的画，叫做“博古”。中国历来有传承历史文化的习俗，博古既是对传统器物、书画的传承和发扬，又是对某一时代产生的“物”进行保护。博古也是文人最基本的修养，收藏古物、古书进行鉴赏和学习，后被视为有深厚修养的人。博古纹的应用源于徽州人们对传统文化、对知识的追求，对成为有识之士的渴望。对博古纹应用较为普遍的不仅限于建筑，而是普及到家居、条案、桌子、椅子上，其中最具代表性的纹样为青铜鼎、书卷、花瓶（图7–14）。

青铜鼎是流传最为持久、应用最多的一种古器具。大概与鼎深刻的文化意蕴有着直接的联系。鼎来自于封建社会，是王公贵族特有的器物。有“禹铸九鼎，以象九州”之说。传说禹统一周围的领土后，命工匠铸鼎九只，分别雕刻九个部落的名胜，放置于宫殿之中，以示长期拥有。后鼎代代相传，成为帝王地位和权力的象征，商王朝更是将鼎作为区分不同阶层的象征，有严格的用鼎制度——天子九鼎、诸侯七鼎、大夫五鼎、士三鼎，百姓不得用铜鼎。严格的用鼎制度也没能保商王朝不灭，但确定了鼎在帝王心目中的地位，才有了秦始皇“泗水捞鼎”的故事。随着社会的推移、文化的浸染，文学中有了与鼎有关的词语，如“鼎

a	b
c	d

（a）盘龙瓶、花器鼎、瓶、家具、书卷
（b）家具、瓶、鼎、花器、觚
（c）鼎、华盖、鼎
（d）簋、戟、福鼎

图7–14　博古纹

盛”“三国鼎立”“鼎力相助”“大名鼎鼎”“人声鼎沸”等，不过这些词语没有了严肃的政治意义，而是充满了人文内涵，例如“鼎力相助”，是道德、友情、仁义的一种体现，有儒学文化中仁义礼智信的深刻含义。那么文人收藏的价值在于鼎是过去某个时代的象征，有收藏的历史文化价值。除此之外，从鼎的造型上看，它厚重、坚固，是生活稳定的象征。作为在外漂泊的徽州人，渴望生活稳定是内心的精神需求，对鼎形纹的应用也就成了大部分人思想的寄托。

与稳定相协调的词语是“平安”。深居大山深处的徽州人，内外都处于危险之中。徽州男人外出闯荡，从走出大山那一刻就身处险境，他们徒步沿着泥泞而陡峭的山路走出大山，可能会遭遇猛兽、强盗，处处都有危机，随后他们随着乡亲奔向全国各地，在没有稳定的工作之前，衣不足、饭不饱，命运也难以揣测，他们经历了人生一次又一次洗礼之后，积累财产，归家构筑宅院，为的是保护家人的安全。徽州人传承的是中国古老文化中男耕女织的方式，男人是家里的顶梁柱，没地耕种者，选择出去闯荡；女眷看家，照看长辈和小辈，她们作为弱势群体，会遭受身心、生活之磨难。早期的徽州人主要是中原移民或躲避灾难的外乡人，因为资源匮乏，有时可能受到强盗的入侵。正因为有种种不安全因素，才有了花瓶在建筑装饰中普遍使用的现象。花瓶添加花卉、四只花瓶同处的，寓意四季平安；也有花瓶与鼎一起运用的，寓意生活稳定、平安；书卷、花瓶、鼎，一起寓意平安、稳定、出人头地。

博古纹的应用一方面说明了徽州地区的文风兴盛，另一方面表达了居住者的思想和愿望。

第二节　浙北民居与徽州民居和而不同

从地理位置上看，浙北地区与古徽州地区距离并不遥远，但因为地理环境的差异造成两地明显的不同。浙北以水为主，徽州以山居多。这两种差别就足够使两大地区的建筑布局和构造产生差异，并各具特色。况且居民元素的构成及其文化背景迥异，在这些元素的综合作用下，也造成建筑风格的不同。

一、选址不同

建筑的构造很大程度上受到地理环境、气候、地方风俗的影响。因此，在研究建筑时首先应该考虑的是地理环境，其次是气候和民风民俗。

（一）浙北古镇民居均以水为中心

水是浙北的一大景观，山在这个地区很是少见。水道的丰富为古代航运提供了便利，而这些是古代市镇发展的基本条件之一，因此，浙北地区古镇形成的基础元素为水。古镇建筑大多数依水而建，水岸成为古镇的宝地。当然，要在有限的土地上容纳更多的住户和商铺，必须在建筑空间设计上下功夫，依水而居的建筑横跨度一般较窄，建筑与建筑紧紧相依。这种现象主要表现在市河两岸，在发达的市镇，部分内河居家也会比较拥挤，尤其以商铺居多。因为水多地少，古镇的河道有多种分类，有市河、水弄、内河、汊河、水口等说法。由此说明水在浙北古镇中的作用是巨大的。

（二）徽州均群山环绕，溪水绕村

徽州地区山的特点是座座相连、层层相叠。不光村子在山里边，就连黟县、歙县县城都隐藏于山巅之间，更何况古镇的设置。在今天，山是财富的象征，古代并非如此，山是阻碍发展的障碍。那么能干的徽州人是怎样征服大山，富甲一方的？

图7-15 被青山围绕的徽州村落

古镇、古村都设在山谷里，山谷一般由两座山交错形成，而且有溪水流出，这是生存的最基本保障。遵循山之南阳的特点，建筑可以接受更多的阳光，开垦的土地丰收的概率也高些；另外生活在大山之内，较为安全。有了山的存在，再加上构筑水道，使水流经村民家门口，可以提供日常方便（图7-15）。

二、居民构成元素不同

（一）浙北古镇多为杂居居民构成

明清时期，徽商达到鼎盛，出现了“无徽不成镇”的盛况，其财力左右国家经济命脉达三百余年之久。朝廷对徽商当然刮目相看，恩宠有加，徽商于是进入了“以商重文，以文入仕，以仕保商”的良性发展轨道。

徽商的足迹遍布各地，在浙北古镇也留下了他们的足迹但只是构成古镇居民的一小部分。因为古镇直接或间接地与中国大动脉京杭运河相通，接纳南来北往的商人，所以既有当地村落居民定居于古镇，也吸纳了各种各样的人，例如隐士、手工业者、航运业者等。当然也不乏大家族姓氏，但不会占主要部分。市镇的功能与作用也决定了杂居式的构成。

（二）徽州聚落多为宗族式的居民构成

徽州村落主要为北方氏族南迁躲避战乱或政治避难之地。人们一般以家庭为单位聚居，一是不会起冲突，二是不会暴露身份。姓氏的单一性，使古村落在发展过程中保持着宗族文化，同时也不接受外族人的加入。

三、建筑形制不同

建筑学家根据建筑的风格特征将其分为几大派系，如徽派、闽派、粤派、晋派、京派等。对建筑这样分类与区域有着直接的联系，但忽略了区域内建筑的差别。在学界基本上不存在浙派一说，而是把浙江地区的建筑划分为徽派范围内，这就导致了长期以来，人们只记得江南水乡的水，而对江南水乡的建筑并不知晓。但从地理环境决定论来看，浙北古镇大多位于嘉兴、湖州，历史上这两地曾被吴国统治，也曾划归越国所有，处于国界边缘线上的古镇，不但含有越文化，也受吴文化影响颇深。确切地讲，浙江地区的建筑是苏派、徽派建筑的一种融合，但又和而不同。

（一）浙北古镇民居建筑多样化

常言说“建筑是人的脸面”。在古代，建筑被视为财富、身份、地位的象征。因此，建筑可以使外人了解居住者的经济实力、政治地位。古镇人口复杂，行业众多，人才荟萃。普通民居，商铺建筑，宅第、园林等是古镇建筑的构成部分；因为交通便利，经济发达，也吸引了方士、文人隐居于此，古镇建筑形制也因此多元化。

（二）徽州民居建筑较为统一

徽州古镇地理位置较偏，因地处峡谷、山区，交通十分不便，因此徽派民居受外界影响较小，保持了较为统一的建筑形制，主要以商铺和居住的天井式建筑为主。

（三）公共建筑不同

浙北公共建筑较为丰富，有寺庙、道观、学堂、书院、宗祠等。浙北古镇优越的地理位置，吸引了不少过客驻足，甚至扎根于此。人口的多元化使信仰不同，而且相互交流。在古镇的民居建筑中可以很清晰地看到三教合一思想的反映，既然这种思想体现在建筑中，就足以说明人们的生活离不开这些宗教。多元化的宗教信仰，使浙北古镇寺庙建筑随处可见，尤其以寺庙居多。儒家思想“家”核心观的宗祠十分罕见，现存的仅见于刘墉的家庙。

徽州地区公共建筑以宗祠居多。以西递为例，仅仅一个村落，同一姓氏宗族的祠堂有两处，另有胡氏牌楼一座。与浙北完全不同的是徽州人十分注重家的核心地位。不但村村都有牌楼、宗祠，连在县城、古镇都很常见。建筑作为凝固的艺术，使无法穿越时空的人们通过它们认识当地的文化。在徽州地区，宗祠是一个村落、古镇、县城不可缺少的文化景观，在这里可以看到儒家思想的根基牢固、坚不可摧。

第八章

浙北水乡古镇民居建筑的保护与发展

保护好古镇，应选择良性循环的方法，仅仅发展单项式的旅游达不到保护的目的，全面保护才是重点，生态保护和建筑保护双管齐下，才能有效地使自然、人文和传统文化协调统一。

第一节　浙北古镇现状

20世纪末，浙北平原上昔日活跃的手工业市镇中的乌镇、西塘、南浔又重新回到人们的视野之中。在短短20年时间内，乌镇、南浔和西塘吸引了国内外无数游客前往，也因此确定了江南水乡古镇的地位。但相当一部分市镇因改革开放的进程加速，及20世纪90年代地方过度追求现代经济带来的丰硕成果，青睐于由钢筋混凝土构筑的宽敞明亮的建筑，同时应机动车等现代交通工具的需求拓宽了道路，而忽视了对古民居建筑的利用和保护，因此大部分市镇的建筑和街道、弄堂遭到巨大破坏，遭遇了拆迁危机，建筑遗存较为完整的市镇所剩无几。激进的规划建设行为对古建筑来说是一场灾难。在这场灾难性的运动中，王店、濮院、双林古镇的古建筑均被现代建筑代替；练市古镇遭到的破坏最为严重，有踪可觅的几座古桥也处于尴尬之境地；昔日运河巨镇——石门古镇踪影难寻；王江泾古镇则因为民国时的一场大火燃烧殆尽，仅剩一里街。

每次面对遗存不多，惨遭破坏的古老建筑，都心感痛惜，痛惜昔日繁荣的市镇随着建筑的衰败而无迹可寻。旧产业已经衰败，新的产业崛起，但人们在认识新市镇的同时却并不知晓它们浓厚的历史文化，不能不说是一种莫大的悲哀。现存的浙北古镇虽多，但并不是每座市镇都遗存有相当数量的古建筑，以下12座市镇——青镇、乌镇、濮院、南浔、西塘、王店、新城、王江泾、新市、双林、崇福、魏塘尚遗存有古建筑。其中，乌镇、西塘和南浔因发展旅游业，建筑受到保护和修缮后，古镇的基本面貌尚可。其他古镇保护状况不佳，甚至可以用支离破碎来形容。受破坏面积最大、肢解最为厉害的属新市，对现存古建筑保护不力的有崇福古镇，几乎没有保护的是王店古镇。以崇福古镇为例，崇福是京杭运河上的巨镇，建筑规模大，人口多，是商贾、名人、氏族聚居之地，豪宅较多。但如今大部分变为出租屋，少部分建筑内居住着古稀老人。调研过程中发现了一处老宅，大门气势恢宏，但进而观之，昔日的辉煌荡然无存，面目全非，天井被分割为若干个部分；用当代制作的红砖砌起围墙，一分为两个院落，顺着院墙在雕镂精美而丰富的房檐下，自建厨房，时而飘出香辣的炒菜味；房檐下的梁柱、牛腿等已变成漆黑一片，仔细看也难以视出真面目。建筑遭到如此严重的破坏，正像一出正在上演的悲剧。而在崇福古镇的另一边则正在上演另一出闹剧。工匠们正手忙脚乱地为沿街建筑“穿新衣”，忙着为外墙镶嵌仿古木板，到处是轰隆隆刺耳的机器声。崇福古镇仅仅是被破坏的古镇之一。其他古镇的大多数百年老宅也正在失去原有的容颜，究其原因有三：第一，是因为居住者擅自改装，把老式的木窗、支摘窗等样式换为不锈钢镶嵌玻璃的现代透明窗，室内地板改装为瓷砖，木制楼板被墙纸或石膏板掩盖，白灰墙改为水泥墙等，只留下原有建筑的屋顶；第二，长期无人居住的建筑，瓦砾破碎、墙垣倾斜，因无人修葺而破败不堪；第三，传统产业经济的衰败导致古镇的没落。以嘉兴地区古镇为例，据清代《嘉兴府志》记载，新塍、王江泾、濮院、陡门被称为秀水四大古镇，作为嘉兴地方经济和交通的枢纽，它们对古代嘉兴的发展起着经济支柱的作用。今天，由于经济格局发生改变，部分民居聚落的特征日渐衰落，且逐渐处于社会的边缘，这四大古镇中除了陡门镇已经失去了中心镇的作用外，其余三镇仍然繁荣昌盛。但经济的发展并没有令政府对古镇保护投入更多的物力、财力。通过对嘉兴地区古镇进行普查和调研发现，除西塘和乌镇的部分民居建筑得到了很合理的保护与发展外，更多的民居建筑未得到有效的保护，甚至被冷落，民居聚落在现代经济大发展的冲击下正在慢慢地萎缩和消融。

2010年8月至9月嘉兴古镇民居现状（乌镇、西塘除外）调查表

古镇名称	现存聚落分布	现住户	老民居	老民居比例
新塍	两街夹一河（平行布局模式）	764	631	82.59%
王店	Y字形（6条街）一街一廊夹一河	1035	684	66.09%
濮院	一街一廊夹一河为多	257	235	91.44%
王江泾	街—店面—河（平行布局模式）	因破坏较为严重，民居聚落所剩无几		

注：1）两街夹一河：沿河两岸布局建筑，两街道与河道平行，河埠头直通街道。这种模式用于腹地大、货客流多，且水上交通便利的地方，货物可以通过河道直接上码头进店，省去一些货仓，消费者也可以直接划船上岸，充分利用水利交通的便利。
2）Y字形：两条河的交叉处所呈现的民居聚落形态。
3）一街一廊夹一河：河的一面有一条街道，另一面在面河建筑空地和河之间设廊棚，其遮风避雨，供行人休息之用。[①]

通过上表的数据，可以清晰了解到现存古镇民居聚落的状况。其中，王店镇老民居聚落分布最为广泛，跨区域面积较大，约占66.09%，居住的基本为老人及打工的居民，损坏程度最为严重。濮院的老民居聚落分布较为零碎，基本的空间形态较为模糊，新民居相对较少，原居民比例约为91.44%。民居聚落保护得最好的是新塍，统计的764户民居分别处于两个街区，民居聚落相对较为集中、紧凑，两街道与河道平行，由东西延伸1公里多，大部分居民的祖先就在那里生活，老民居约占82.59%，而且损坏程度较轻，尤其是西南大街保存比例为86.58%，而且原居住居民

① 丁俊清，杨新平：浙江民居[M]. 浙江：浙江人民出版社，2004：10.

占90%，当地民俗和水文化的保护都相当完整。王江泾是四个古镇中破坏较为严重的，仅存不到300米的两条街，基本上已被破坏殆尽。

古镇民居建筑存在的相同问题是：第一，古镇聚落群内新旧建筑混杂交错，严重影响和破坏了古建筑的审美和色调和谐；第二，卫生状况堪忧，水污染严重；第三，部分内河在逐渐萎缩，一些有意义和有故事的民宅建筑保护尚可，但需要维修。

第二节 政府把古镇纳入整体保护规划

每一次走进古镇都有不同的感受、不一样的收获，同时也有颇多的辛酸，尤其是看到那些面目全非、支离破碎的古建筑更是如此。每到一座古镇，我不但要做图片采集，还要深入到百姓家中，探根问源。令我出乎意料的是，很少有人把自己所居的建筑视为古建筑，偶尔也会碰到研究古镇人文历史的文人学士，每当与他们交流学习时，都能了解到古镇更多不为人知的知识，能感受到他们为古镇建筑疏于保护和重视而遗憾。在与长辈探讨的过程中，他们给予了我关于保护古镇的更多想法。在此，本着“以人为本，合理保护”八个字展开讨论有关古镇保护的方案。

一、整体性保护古建筑群

在古镇中，时常会看到浙江省文物保护单位、市文物保护单位等牌子，但这只是针对重点人文遗迹而设立的，普通民居却不在重点保护之列。设立“文物保护单位”的保护方法不会调动起普通民居居住者的保护意识。事实上，普通民居与重点保护的宅第、园林、寺庙都是不可分割的一个整体。这种保护方法的弊端使不受重点保护的建筑破坏较重，受保护的也未能完整保存。

虽然政府也出台了相关文件保护古镇建筑，试图维持原貌，但仅凭贴于古镇区域的布告栏中的一纸公告不会引起民众重视。况且住在古镇建筑中的居民一般以年长者居多，还有一种是外来务工人员。这两个不同群体的人不但都没有足够的财力、能力来保护古建筑，反而有可能会因居住、租赁等原因改造现有的格局，这是最让人感到痛惜和无助的。在崇福调研时，在走街串巷中捕捉到一个大宅门，大门规格之高大，在整个浙北地区都很少见。当时门口坐着两位高龄老奶奶，年龄在90岁左右，听不懂普通话，但允许参观。当时激动不已，怀揣着希望迈进大门，呈现在眼前的是大天井，还有遗留下来的门楼痕迹。门楼高而阔，与大门的尺寸几乎相当，檐廊由精美的木雕构成，可惜已被熏得漆黑，相机无法分出主次纹样，只能用肉眼仔细观察，这种情况只是其中之一。古镇建筑正遭遇着不同程度的种种改造，改造者有房屋自有人，也有承租户。他们根据不同的用途对房屋进行改造，不但毁了古建筑的面容，更是阉割了建筑所承载的辉煌历史和文化。建筑是物质与非物质文化综合体，所以保护古镇的前提是应该保护整体建筑群，只有这样才能还原历史古镇。

二、治理河道，营造有利于发展的水环境

水文化随着古镇的诞生而不断丰富。水与人、与建筑是一个和谐的统一体，没有水就没有水乡古镇。

随着时光的流逝，水也在改变。有的水依然保持着纯净的美感，而有的水却让人望而却步。工业的发展令水乡古镇付出了沉重的代价，牺牲了与人们最为亲近的水环境。虽然有的古镇水质较好，但也需要维护。古镇的水与建筑始终不能脱离，两者相辅相成。因此要想古镇更美，水环境必须有所改善。

治理水环境应根据当下水道的遗存和市镇周边的环境入手，

治污是头等大事。没有重新规划的古镇，生活垃圾随处可见，临河的人家甚至把垃圾随手扔入河道，漂浮于河面，生活废水也随处排放。因此需要提高居民的环保意识，在街道进行卫生宣传。

当然，生活污水还不能算作构成河道污染的主要原因。当今古镇虽已繁华不再，但大多数居民都居住在新的区域，而且大部分发展为新兴的工业城镇，发展必然会带来工业污水的排放。在环保政策不完善的前几年，不少企业把工业用水直接排入河道，就是现在，也有白天不工作而在晚上偷排污水的情况。镇区的河道就像一个连通器，水又具有很强的流动性，这导致市镇的水质变坏、浑浊、有异味、有的河段甚至连生物都很稀少。所以，治理古镇市河和内河，必须先制止周边工业污水的排放。

除了以上两种治理方法外，还可以采取比较积极的方案。市河河道长时间不通航，淤泥沉积较厚，因此投入资金清理河底污泥是一种治理河道污染的方法，可以把带有污染的沉积物清理干净。

如果做到了以上几点，河道面貌焕然一新便指日可待。除此之外，还可以在河面上人工种植一些水生物，并在适当的地方植树，做绿化带，创造宜居古镇也就不再是梦想。

水环境的创造对于古镇的整体环境来说是至关重要的。打造风景宜人的水环境，会把古镇建筑衬托得更有文化，水的灵性与柔美会为建筑增添生命力，这也是水对建筑发挥的重要作用。因此，在保护建筑、文化、艺术的同时，必须把保护水生态环境提上议事日程。没有美丽的水环境，再有文化内涵的建筑也会黯然失色。水是古镇过去的生命线，也是今天古镇发展的核心竞争力和生产力。水道治理得好，不但有好的生存环境，而且还是创造价值的主要渠道，因为水可以发展多种旅游项目，如水上垂钓、水上游览、水上餐饮以及水上运动等。

水与建筑共生存、同命运。因为水的存在，才有了古镇辉煌的历史，反过来人们的活动又孕育了丰富的水文化，水上石桥、河埠头、揽船石都是赋予水丰富文化内涵的部分。因此治理水时，应尽量保留原有的石材作为防护堤，河岸上的遗迹——码头、河埠头、揽船石等也应加以保护，因为有了这些东西的存在，才能使人们身临其境地了解古镇的真实面貌。

第三节　以休闲旅游和人文旅游为主的经济价值体现

嘉兴、湖州两地距离杭州、上海较近，有杭嘉湖高速公路、乍嘉苏高速公路、沪杭高速公路通过嘉兴境内，尤其是沪杭高速的意义重大。嘉兴市内的古镇位于沪杭线上的有西塘、王店、濮院、崇福古镇，位于杭嘉湖高速公路沿线的有江南旅游名镇——乌镇，位于乍嘉苏高速公路沿线的有王江泾、新塍。杭嘉湖高速公路连接湖州的练市、新市、双林。如此便利的交通条件，是古镇的先天优势。

一、休闲旅游、人文旅游的含义

休闲旅游是新兴的一种旅游方式，它既不同于普通的观光式旅游，也有别于城郊的短暂性旅游。中国艺术研究院休闲研究专家马慧娣认为，休闲是一种存在状态和生命状态，是人在除了恢复自己的体力之外，一种满足更高的、精神的、心理的、灵魂的需求，是在新的历史条件下的文化精神生活的内涵。由此可知，休闲旅游是放松身心和满足精神生活的一种旅游方式。因为精神层面的需求，休闲旅游地可以是自然景观——名山、大川、海滩、沙漠等旅游胜地，也可以是人文景观聚集的地方，但都应该是具有一定文化内涵的景致。而浙北古镇皆为明清时期的江南雄镇，其遗存的民居建筑群就是经典的人文遗迹，与之相呼应的是丰富的水文化。历史上古镇孕育了不少文人学士、商贾巨富以及艺术巨匠。这些人物为古镇增添了不少光彩，也是古镇现有的历史财富。他们赋予了古镇更深的文化内涵，通过建立故居及纪念馆，提升了古镇的文化价值。

仅仅依靠水文化和民居文化还不能有足够的灵气吸引旅游者，必须深挖先贤、古圣、名人轶事等人文资源。倡导古镇人文旅游也是古镇自身特点的一种体现。人文旅游是人类长期活动的产物，主要是指历史古迹、文化遗存、墓葬遗址、宫殿庙宇、亭台楼阁、建筑群落、塔影桥虹、壁画石刻、博物馆、水乡泛舟、海滨戏水、龙舟竞渡、柳荫垂钓等人文旅游资源。建筑本身就是人类活动的场所，它承载的不单是生活场所，也是精神的居所，建筑艺术就是居住精神的体现。当然，建筑不足以成为吸引旅游者前往的磁石，名人轶事才是古镇旅游发展的核心。俗话讲，一个没有故事的人是缺乏生活经验的。那么没有历史的古镇是缺乏内涵的。拿乌镇来说，古时候的东栅人口密集、是江浙地区商贸往来的重要场所，而如今遗留的河段不过1000来米长，而且仅存主街道，但乌镇旅游是古镇旅游人次最多的地方。之所以可以吸引那么多男男女女、老老少少前往驻足，不光是那人家尽枕河的水阁建筑和温和柔美的水景观，更重要的是有著名的文人大儒曾经的足迹，尤其是《人间四月天》电视剧在此拍摄并热播之后，乌镇的魅力更加势不可挡。

二、建立浙北水乡古镇水上生态旅游圈

在古代，水路是古镇发展的重要基础条件。随着陆上交通的发展，水上交通渐渐淡出了普通百姓的生活。今天，人们依靠公路、铁路和空中航道作为出行的主要交通工具，确切地讲，人们

已经进入了高速时代。高速时代不仅加快了人们生活的节奏，也加快了行走的步伐。而我们在乘坐高速交通的时候，很少有时间停留下来欣赏路边的美景，几乎不能驻足思考，当人们为缩短了旅程时间而欢呼时，旅途也变得单调和索然无味。因此，水路相比陆路就有着不同的优势。

水因为其自身的优点，颇受人们的喜欢。作为大自然最基本的构成元素，水孕育了万物生灵，有温和而冰清玉洁之美感，人们与它打交道时会清洗烦恼和忧愁。同时，水对古镇发展的作用是重大的，它不但是沟通村与镇的媒介，还是镇与镇之间贸易往来的重要渠道。水上交通对于休闲旅游者来说，是非常合适不过的。其优势在于，当船行走在水面上，速度是缓慢的，人们可以很自在地进行遐想，还可以与水面接触。如果把古镇与古镇之间的河道重新利用，重新唤起古老的生命通道，将成就另一处历史景观。

水乡古镇旅游，一般以休闲旅游和人文旅游为主，因此古镇发展目标不能仅仅停留于现有的建筑物和民俗风情上，只有深入内部才能知其所以，认识事物的本质是了解事物现状的最有效方法。因此，把古镇之间相连的河道重新沟通，用传统的交通工具船进行水上连通，可以使观者更深一层了解水乡的真实面目，感受水文化，深切体会水对古镇的作用，自然而然地形成一个良性循环的生态旅游圈。

三、建立以度假村为模式的休闲旅游

度假旅游是利用假日外出，以度假和休闲为主要目的和内容的，进行令精神和身体放松的康体休闲方式（J.D.Strappp，1988）。由此可知，度假旅游即是以度假（消磨闲暇、健身康体……）为主要目的，具有明确目的地（良好的度假环境）的旅游活动。度假式旅游是休闲旅游的一部分，也是最古老的一种旅

游方式。兴起于统治阶级及皇家贵族之间，尤其以帝王为主流。历代帝王都建有自己的行宫，作为闲暇时间的游憩之所，如唐代的华清池、清代的承德避暑山庄等。这类建筑不是单体建筑，而是建筑群，设施齐全，集吃喝玩乐于一体。这也是现代度假村的原型，因此度假式旅游方式由来已久。目前的度假村一般见于风景名胜区，但这些地方消费较高，针对的大多是收入较高的人群。为了让客人们享受他们的假期，度假村内通常设有多项设施以满足客人的需要，如餐饮、住宿、体育活动、娱乐、购物等。

从度假村的特点来看，古镇有发展度假旅游的先天优势——有丰富的水景观和古老而富有特色的建筑群，如果建成度假镇，会比现代建筑的度假村要更加有魅力，也会吸引相当一部分旅游者。如何做好度假古镇，可以从以下方面入手：

1. 修缮古建筑的同时，应保存古建筑原有的风格
2. 古建筑群中的名人故居应重点设计
3. 古河道应保持畅通，营造干净的环境
4. 配套设施要齐全，但切勿过分花哨
5. 建立地方民俗美术博物馆与制作体验区

目前的度假式旅游大多是中等收入以上的人群，而这一部分人热衷于名胜旅游。还有一部分人收入在中等以下，非常注重生活品质，但又支付不起太高的旅游费用，所以选择短途旅游和短期旅游，也是较为时尚的旅游方式。这种旅游方式在大城市较为流行，他们选择周末到周边游走、休息，这样既不需要花费太高，也不会舟车劳顿而影响旅游质量。

随着生活水平的日益提高，会有更多的市民青睐周末度假式旅游。距离上海较近的西塘就是典型的周末度假胜地。平时的西塘人较稀少，每逢周末，人口猛增，摩肩接踵是很正常的现象。当然这其中也有远方前来的跟团的游客，但一大部分是从周边城市赶来的，以上海、杭州来的游客居多。他们一般于周五下班后

驱车到西塘，刚好赶在晚上品尝小吃、美食，观夜景。大部分人会提前预订民居旅社，沿河的最为走俏，不但枕水而居，而且可以享受难得的宁静生活。有的是情侣，有的是一个家庭，也有好朋友相约而至，他们在远离喧嚣的古镇中徜徉，喝茶、聊天、打牌、下棋，获得放松，心情愉快。没有高楼大厦构成的水泥森林，也没有严肃紧张的工作环境，只有流淌的河水和充满历史感的古建筑。

从目前西塘古镇度短假的人员情况来看，度假旅游热有不断增长的势头。随着居民收入和物质生活水平的提高，未来度假热可能会持续升高，周末度假还是有较为广阔的市场。

杭嘉湖古镇各处不同的地理位置，但交通便利，距离沪、苏、杭咫尺之遥，来往的路费并不昂贵。古镇自身的优势和朴素的面貌将会吸引越来越多的城市人前往。

四、充分利用水资源优势，发扬垂钓文化

建筑和水是古镇的重要构成元素，如果把建筑看作水乡古镇的骨架，那么水就是古镇的灵魂，甚至可以说水对古镇的选址与发展起着咽喉的作用，它的存在决定着古镇的繁荣或颓废。

通过古籍查阅和现场调查可知，古镇现存的河道比以往都有所减少，因为城市发展的需要，一部分填河筑路，但起关键通道的市河还是保存了下来。古镇的市河往往与大运河直接或间接相连，市河的一端与另一条河相交为水口，因河面宽窄不同而水域面积大小不一，河岸上空地较多。在古镇调研时，时常看到当地渔民在河面上捕鱼，大部分河道较为清洁，较适合做天然垂钓场所，当然也有部分古镇河道污染较重，如濮院、王江泾两镇。

当古镇配套设施较为完善时，可以为垂钓爱好者提供更好的吃、住保障，垂钓也将成为人们放松自我的一种最好方式。垂钓文化有着悠久的历史，是古代隐士及有闲情雅致之人从事的休闲

活动。垂钓可以清心，可以思考，看似是一种静态，实则是动静相交。垂钓也是文人雅士表达的对象，绘画中有经典的江上垂钓图，诗词中有关于对垂钓的赞美。垂钓文化有中国特色，也是今天比较受欢迎的一种野外休闲活动。其中，天然垂钓最受追捧，并有自身优势。

1. 与水亲近，享受自然

垂钓的前提是必须有鱼，而鱼儿离不开水。水生态优良，自然清新，鱼儿自然繁殖得多。因此，传统的最佳垂钓场所是风景旖旎之地。从张松龄《渔父》词中可以了解古人垂钓的环境：

乐在风波钓是闲，草堂松桧已胜攀。太湖水，洞庭山，狂风浪起且须还。

郑板桥的《钓鱼歌》中亦有所描述：

老钓翁，一钓竿，靠山崖，傍水湾，扁舟往来无牵绊。沙鸥点点轻波起，荻港萧萧白心昼寒，高歌一曲斜阳晚。一霎时波摇金影，蓦抬头月上东山。

从以上两首诗词不难看出，钓鱼的环境对心境的影响。这一切都与水的特质有直接的联系，水是自然生态中最为重要的元素，也是净化和美化生态环境的主要构成部分。水的存在使风景多了几分秀气，使周边山、树、草木有了灵气。因此，在自然生态河道边垂钓是最佳选择。但由于工业发展，自然生态受到了大量的破坏，天然垂钓场所数量锐减，居住在城市的居民一般前往郊区的人工鱼塘进行垂钓活动，而这些场所往往是农家乐，吃饭的人较多，环境较为繁闹，且水质因不流动而无生机和活力。如果能对古镇周边的河道进行治理，建成环境优美、风景秀丽的垂钓场所就不是梦。环境优美也是吸引度假旅游者的亮点之一，度假者既能亲近自然，也能感受人文建筑。

2. 远离喧嚣，怡心养德

城市是人才荟萃之地，但人口密度大，没有乡村的宁静，只有尘世的繁闹。因此，居住在城市，追求高品质生活的人往往会选择空余的时间郊游、度假。古代文人优美的诗篇大多来自于环境优美之地，也有仕途不理想的士人隐居于郊野之中，目的是远离尘世的喧嚣，放松心情，修身养德。

陆游在《鹊桥仙》有云：

华灯纵横，雕鞍驰射，谁记当年豪举？

酒徒一半取封侯，独去作，江边渔父。

轻舟八尺，低篷三扇，占断苹洲烟雨。

一竿风月，一蓑烟雨，家在钓台西住。

卖鱼生怕近城门，况肯到，红尘深处？

潮生理棹，潮落系缆，潮落浩歌归去。

时人错把比严光，我自是，无名渔父。

陆游的这首词充分说明其宁居郊野之中，也不留恋红尘往事。不管是逃离生活，还是享受自然垂钓之乐趣，这首词都凸显了陆游当时开怀、豪放、愉快的心情。

古代城市与今天的相比，居住密度不可同日而语。今天，在水泥森林的遮挡之下，人们很少见到阳光，又加上工作的压力大，使众多的城市工薪阶层心情压抑，生活质量大大降低。为了消散生活的烦恼，一部分人选择在周末度假，而位于长三角腹地的浙北水乡古镇有得天独厚的条件和优势。垂钓优势更加凸显，垂钓会带人进入一个人与水、人与鱼的世界，在这个过程中，心境将会达到纯净的境界，心情自然会得到放松。不但远离喧嚣，还会忘掉烦恼。

如今，垂钓被定为一项休闲运动。这项运动不用花费力气，受众群体较大，人们既不需为大汗淋漓、湿透衣服而烦恼，也不必为高昂的费用而苦恼，而且还可以有小小的成就感。垂钓运动更适合于不善于户外和室内球类运动的群体，而且是一项高雅的休闲活动，将来也可能会成为一种时尚休闲运动。

五、摒弃缤纷杂乱的经营模式

从浙北的西塘古镇到湘西的凤凰古城，它们的区别仅限于建筑风格的不同，地域风俗文化及旅游商品都颇为相似。尤其走进商业街道中，在凤凰古城的感觉荡然无存，因为门店所售之物多为雷同。更不用说近在咫尺的乌镇商业街。10年前到乌镇旅游时，印象特别深刻：小桥流水人家，地方风情的旅游品仅有蓝印花布及相关玩具、挂件、摆件，乌锦、丝巾等。如今的乌镇购物街面积之大，旅游产品之五花八门、种类繁多，令人眼花缭乱，具有地方特色的蓝印花布、乌锦淹没在五彩缤纷的商品中，在这里看到的旅游产品，在很多古城镇都能购买到，地域特色无从谈起。

基于目前江南名镇旅游商品相似、无差别的特点，须从长计议。为使古镇旅游良性循环，务必依据地方民俗文化、地方特色进行旅游产品的开发与设计。根据当地特产分门别类地进行，可以达到两全其美的效果。一是传承传统技艺，保存文化遗产；二是宣扬艺术名人。例如：新塍有制铜炉高手张鸣岐。铜炉不仅是生活用品，因为其制作精良，造型美观，深受收藏家的喜爱。所以，把铜炉作为旅游工艺美术品进行开发，是不错的选择。再如王店的彩灯。王店彩灯制作技术，曾经普及到家家户户，过年各家必张灯结彩，纸灯高手的技艺不亚于硖石。至今还有灯彩艺人，因为灯彩工艺复杂，价格昂贵而转行刻纸。西塘杨汇的漆器制作独具特色、技高一筹。乌镇人制作的乌锦，曾为贡品。其实，深挖每个古镇，均有地方特色的工艺美术。

六、使旅游度假者真正体会古镇的原生态生活方式

当今著名的旅游古镇大多与现代生活方式结合，咖啡吧、酒

吧、KTV、游戏室一应俱全。这些代表着现代生活方式的场所深受年轻人的追捧，在都市比较常见，且融为一体。但把这些东西放在古镇，不免有些尴尬。它们的出现掩盖了古镇建筑的功能和民俗风情。虽然置身于古镇，但心向异处。

浙北古镇因为多是传统大镇，其历史悠久、文化丰厚、饮食文化自成一系。通过建设地方特色饮食文化街区，旅游者可以在品味建筑文化的同时，有一个休息的好去处。饮食文化街原则上以原住民经营的餐馆、小吃、茶馆、酒馆为主，突出地方特色，可以经营茶点、糕点等。这样可以让旅游者体验原汁原味的古镇，也会突出不一样的古镇，更好地宣传当地的饮食文化。打造原生态的古镇休闲旅游将是未来古镇旅游发展的重中之重。

七、结合古镇优势，建立特色旅游项目

1. 展示地方民俗文化，通过展示民间技艺和婚俗、端午等节庆相关风俗传播古镇精神文明

民俗文化，是民间风俗生活文化的统称，也泛指在一个地区聚居的民众所创造、共享、传承的风俗生活习惯，是在普通人民群众（相对于官方）的生产生活过程中所形成的一系列物质的、精神的文化现象。它具有普遍性、传承性和变异性。

古镇为水乡区域，丰富的水生态对古镇的形成和发展有着直接的影响。因此，水文化、船文化、水乡婚俗等是水乡特有生活习俗。水的滋养，孕育了桑蚕文化。桑蚕作为地方经济的主要支柱，使每个古镇人多少均有受益。种桑养蚕的农户把蚕茧卖给专门缫丝的手工作坊，手工业者再把蚕丝卖给丝绸厂或蚕丝商人，形成了一个庞大的产业链。因为蚕丝的收获多寡直接影响到每一个环节，所以人们关心蚕丝的收获，衍生了祭蚕神的活动。再如婚俗，在以舟代车的水乡地带，结婚的风俗具

有地域特色。不像北方的婚俗，新郎骑在高头大马上，新娘坐在花红柳绿的轿子里。而在水乡古镇，有专门娶亲用的婚船。船作为重要的交通工具，也有严格的功能分类。除婚船之外，还有祈祷丰收时用的农作船，民俗活动叫“踏白船”。除此之外，还有节庆文化，如端午节划龙舟。大家都知道端午节是怎么来的，也知道吃粽子的缘由。但很少有人知晓龙舟文化的起源地。关于龙舟有文献记载，据古书《岁时记》记载，龙舟竞渡“起源于越王勾践”，把端午作为龙的节日也起源于吴越。迄今，嘉兴地区还保留着端午当天划龙舟比赛的活动，王江泾的网船会，为了纪念元代灭蝗英雄刘承忠而举行。王店的踏白船等。

2. 结合古镇当下产业发展优势，打造人文、休闲、购物为一体的旅游模式

古镇之所以不被关注，与当地的新经济产业发展有关。而且仍然保持着雄厚的经济实力，有的已发展为现代化小城镇。为了长足而稳定的发展，几乎每个古镇都有新的生活区、工业区，并拥有比较成熟的特色产业。例如：濮院的针织衫、羊毛衫，崇福的皮草，王店的小家电，王江泾的纺织品及床上用品，南浔的家具业，新塍的农副产品、庄园等。如何把现代产业与传统古镇人文、休闲旅游、购物恰当地结合起来，是值得研究的问题。

当下好多旅游胜地的导游强迫游客逛商场，反而引起了游客的反感，也影响了旅游的质量和心情，造成了很坏的影响。使游客带着轻松愉快的心情购物自主购物，在不影响游客的情绪下带动商品消费，这样做不但满足了游客的需要，而且使商品得到了推广。如想达到此效果，不妨在古镇边上建立现代产品展览馆，进行产品文化宣传，吸引游客主动观览，从而激发其消费欲望。

第四节　非物质文化遗产保护与发展的历史价值与现实意义

非物质文化遗产是指各种以非物质形态存在的与群众生活密切相关、世代相承的传统文化表现形式，包括口头传统、传统表演艺术、民俗活动和礼仪与节庆、有关自然界和宇宙的民间传统知识和实践、传统手工艺技能等以及与上述传统文化表现形式相关的文化。非物质文化遗产是以人为本的活态文化遗产，它强调的是以人为核心的技艺、经验、精神，其特点是活态流变。

一、非物质文化遗产保护现状

生活习俗是区域或地方文化的一种真实写照。不同地域的婚俗，从仪式到服饰也千差万别，如婚俗中的吃喜糕、乘婚船、使用龙凤花烛、穿婚服等。其中一部分被列入非物质文化遗产保护项目。

目前的非物质文化遗产保护处于尴尬两难的境地。不保护非物质文化的话，遗产将会消失，但现在的保护只是靠政府拨款给非物质文化传承人，而且资金数额远远满足不了维持生活现状，谈何购买材料和制作。当然，也有一部分传承人在收弟子，传授技艺，但受生活方式改变的影响，使当下不需要传统的生活方式，其制作的产品也受到市场需求量的制约。因此，应把非物质文化中的民间艺术转换为旅游纪念品，根据现代人们的生活需要，在保持内在实质内容的同时，适当改造外形，适于室内装饰、摆设或把玩等。这样也会提高传承人的收入，吸引年轻人加入传承人的队伍，新鲜血液的注入必定会激活民间美术的复兴，有利于循环传承下去。

二、建立非物质文化传承与发展中心，集老艺人为一堂，展现古镇的文化特色

古镇的非物质文化遗产数量很多，但并不是所有的非物质文化遗产都可以发展为旅游纪念品。比较适合的种类当属民间美术。有关民俗文化的可以放到历史博物馆。民间美术则适合专门开设展览，同时要把相关的非遗传承人请到现场，因为活态展示的形式可以使观者深入认识民间美术的不易、技艺的精良。

技艺是基础，结合当代生活是关键。所以传承非遗需要创新，传承人不但要传承传统美术品，还要对其进行创新，只有这样才能使非遗的生命不息。

非物质文化遗产中的民间美术其装饰纹样和造型都具有地方特色、特殊工艺，因此在发展旅游产品的同时也会吸引一部分爱好者拜师学艺，工艺美术的活态展示为传承非遗提供了最佳平台。

三、建立古镇名人馆

古镇因其水而秀，因名人而灵。细数每个古镇，名人、贤士不在少数——或著书立说，或仕途光明；或商界巨子，或学界泰斗。虽然也有人的名声不大，但他们的光辉却同样照亮了身边的人，带动了古镇的发展。

因此，名人馆的建立有以下几个好处：

1. 提升古镇人文内涵，创造古镇的文化氛围，使旅游者深层次了解古镇建筑形制的来源及特点。

2. 名人馆的建设不但可以为旅游者提供一个了解古镇的窗口，也可以为地方文化建设做贡献，同时也可以作为当地学校的第二课堂教学点，令学生对地方文化有深入的认识和了解，激励其主动学习的精神。

3．名人馆中并不是简单罗列名人的生平信息，而是尽可能地展示名人留下的文化成果。通过对成果的立体展示，让人们近距离地了解名人的生活，深入其精神世界。这样才能铭记心中，受益于己。

四、建立历史博物馆

历史博物馆有两类：一类为展示古镇的发展历史、历史变迁过程中的史实，如不同时代的行政职能、地名、历史事件等。另一类展示与生活有关的民俗史。因为风土人情也能令观者直观了解古镇人们的生活方式。例如，宗教信仰文化（儒佛道的发展，民间信仰如蚕神、河神等），礼俗文化（为结婚、生子、升迁、科考等举办的庆祝仪式），水文化（船文化、鱼文化、桥文化等）。

今天的古镇建筑犹存，但也受到了不同程度的损坏，大部分都经过修葺，虽然韵味犹在，但相当一部分已改变了原有的面目。随着社会的变化，人们的生活方式随之改变，风俗文化也因受外来文化的影响，多少有些改变，甚至完全消失。想要还原真实的古镇，不是光看建筑形态，还要深入内部，这样才能了解古镇真实的生活。而建立古镇历史博物馆无疑是最好的选择。

此外，因为经济发展、交通工具的改变，古镇原有纵横交错的河道仅保存市河以及水弄，水乡古镇的水道景观不再有往日的景象。因此可以通过模型还原古镇风貌，或制作电子屏幕，从而更加逼真地呈现古镇原貌，观者仿佛穿越时光隧道，达到身临其境之体验效果。

参考文献

[1]陈学文．嘉兴城镇经济史料类纂．嘉兴：嘉兴图书馆，1983年．

[2]（清）王凤生辑，胡德璐图，浙西水利备考［M］．道光四年刻朱墨套印本．

[3]陈学文．湖州府城镇经济资料类纂［M］．湖州：湖州图书馆，1985．

[4]辞海编辑委员会．辞海［M］．上海：上海辞书出版社，1999年缩印本．

[5]丁俊清，杨新平．浙江民居［M］．北京：中国建筑工业出版社，2009．

[6]（明）计成．园冶图说［M］．济南：山东画报出版社，2003．

[7]（清）卢学溥续修：乌青镇志［M］．中国乡镇专辑23．上海：上海书店出版社，1992．

[8]陈庭撰．仙潭志［M］．中国地方志集成乡镇志专辑24．上海：上海书店出版社，1992．

[9]（清）朱彝尊，方田注释．鸳鸯湖棹歌．杭州：浙江古籍出版社，2012．

[10]（清）杨谦纂：梅里镇志［M］．中国地方志集成——乡镇志专辑19．上海：上海书店出版社，1992．

[11]新塍镇志．中国地反志集成——乡镇志专辑18．上海：上海书店出版社，1992．

[12]闻川镇志．中国地方志集成——乡镇志专辑19．上海：上海书店出版社，1992．

[13]华书局编辑部编：至元嘉禾志［M］．宋元地方专刊，第五册．

[14]镇志编写组．西塘镇志［M］．新华书店出版社．1994．

[15]沈允嘉，江南大宅—南浔遗韵．杭州：浙江摄影出版社，2006．

[16]（清）金淮纂，濮川镇志．中国地方镇集成——乡镇专辑．上海：上海书店出版社，1992．

[17]（元）陶宗仪．南村辍耕录［M］．上海：中华书局，1959．

[18]续修四库全书717．史部，地理类，引自（清）王曰桢纂．南浔镇志．上海：上海古籍出版社．

[19]浙江民俗学会编．浙江风俗简志［M］．杭州：浙江人民出版社，1986．

[20]（日）冈大路著，瀛生译．中国宫苑园林史考［M］．北京：学苑出版社，2008．

[21] 樊树志. 明清江南市镇探微 [M]. 上海: 复旦大学出版社, 1990.
[22]（清）李渔著，李竹君，曹扬，曹瑞玲注. 闲情偶寄 [M]. 北京: 华夏出版社, 2006.
[23]（明）文震亨撰，汪有源、胡天寿译注. 长物志 [M]. 重庆: 重庆出版社, 2010.
[24] 楼庆西. 中国古代建筑装饰五书——砖雕石刻 [M]. 北京: 清华大学出版社, 2011.
[25] 梁思成. 中国雕塑史 [M]. 天津: 百花文艺出版社, 2007.
[26]（宋）李诫撰，邹其昌点校. 营造法式 [M]. 北京: 人民出版社, 2006.
[27] 吴山, 中国工艺美术大辞典 [M]. 南京: 江苏美术出版社, 1999.
[28] 李聃著，乙力释. 道德经 [M]. 西安: 三秦出版社, 2008.
[29] 四库全书 [M]. 673. 营造法式. 宋李承奉敕著. 上海: 上海古籍出版社.
[30] 陈志强, 江南六镇古桥 [M]. 呼和浩特: 远方出版社, 2007.
[31] 闻人军译注. 考工记 [M]. 上海: 上海古籍出版社, 2008.
[32] 阮仪三. 阮仪三与江南水乡古镇 [M]. 上海: 上海人民美术出版社, 2010.
[33] 陈从周. 园林清议 [M]. 苏州: 凤凰出版传媒集团, 2005.
[34]（清）汪日桢纂. 南浔镇志——中国地方镇集成（22）[M]. 上海: 上海书店出版社, 1992.
[35] 李俊. 徽州古民居探幽 [M]. 上海: 上海科学技术出版社, 2013.
[36] 陆元鼎, 杨谷生. 中国民居建筑中卷 [G]. 广州: 华南理工大学出版社.
[37] 王效清. 中国古建筑术语词典 [G]. 北京: 文物出版社, 2007.
[38] 胡朴安. 中华全国风俗志 [G]. 上海: 上海科学技术出版社.
[39] 梁思成, 林徽因. 梁思成、林徽因讲建筑 [M]. 长沙: 湖南大学出版社, 2009.
[40]（明）李日华著，屠友祥校注. 味水轩日记校注 [M]. 上海: 上海远东出版社, 2011.
[41] 陈龙海. 中国线性艺术论 [M]. 武汉: 华中师范大学出版社, 2005.
[42] 汪双武. 世界文化遗产——宏村、西递 [M]. 杭州: 中国美术学院出版社, 2005.
[43] 朱光潜. 无言之美 [M]. 北京: 北京大学出版社, 2005.
[44] 梁思成. 中国建筑史 [M]. 天津: 百花文艺出版社, 2005.
[45]（元）单元修，徐庆纂，嘉兴地方志办公室编校. 至元嘉禾志. 2010.

后 记

建筑的内在结构和外在形态保留的完整性，使我们依稀可见古镇过去的繁荣景象。建筑群也因此成为历史学家研究古镇历史的证据，建筑的样式及结构成为建筑学家研究古建筑的形象资料，建筑的装饰艺术、空间布局成为文化学者研究古镇民俗、宗教文化的佐证材料，经济学家也通过古镇商铺建筑、宅第建筑、园林建筑、作坊建筑、桥梁、河道、街巷等对古镇历史经济进行评估与分析。建筑因此成为无形的财富、有价值的文化遗产。梁思成先生曾经说过："建筑是凝固的历史。"建筑比起文字记载的历史更为形象、真实。建筑上留下了历史的印迹，其建造结构是那个时期工程技术的见证，其规模是当时经济状况的映照，久经风雨侵蚀而形状依稀可见的雕刻纹样是文化思想的反映。它们记录着古镇曾经的辉煌，我们仿佛能够聆听到繁华街市的喧闹声。

古镇那朴素、自然的建筑，石桥和缓缓的流水吸引着我，它的美是那样的自然、那样的典雅。在形式结构的托举下，它身后蕴藏着的是历史和文化。早在几年前我撰写过有关古镇建筑艺术及文化的论文，并且发表于核心期刊，这使我向古民居建筑文化研究迈出了关键的一步，并因此萌生了继续深入研究浙北古镇民居建筑文化的念头。如今，《浙北水乡古镇民居建筑文化》一书即将出版，本应心情放松，但我的心却无法兴奋起来。因为在调研过程中，有享受精美建筑的喜悦，也有遭遇建筑被摧毁的伤感，也总为那些珍贵的建筑遗产没有得到合理的保护而感到心酸——古镇的破坏日益严重，有的建筑甚至被现代新城镇建设所吞噬。希望此书的出版能给没有踏足古镇的建筑文化爱好者提供一些有用的信息，能够引起当地相关部门的重视。保护原生态古镇刻不容缓，而保护古建筑是保护古镇文化景观的关键。每次调研时总能遇到志同道合的长者，他们出生于古镇、生活于古镇，关心古镇的过去与未来。因此，他们为古镇建筑的保护也付出了很多，他们为古镇建筑保护而奔走，并出谋划策。同他们的交流，激发了我更多的想法和研究古镇建筑文化的热情，因此此书的完成并非凭我单打独斗。

《浙北水乡古镇民居建筑文化》一书是在嘉兴学院设计学院、图书馆、古建筑爱好者、文化学者、朋友、学生、家人的帮助和鼓励下完成的。首先，非常感谢我的工作单位嘉兴学院给予的工作平台。这个工作平台使我有机会深度接触古镇，设计学院提供的摄影设备，帮助我搜集了很多精美的图片。其次，非常感谢嘉兴图书馆提供的研究平台。古镇建筑的研究必须依托于相关古籍文献。我在嘉兴图书馆地方文献古籍部沈老师的帮助下查阅了丰富的资料，她不厌其烦地在茫茫书海中帮忙寻找相关书籍。同时感谢陈家骥老师为研究提供的丰硕资料。第三，感谢古镇素不相识的长者。在过去三年里，记不清多少次在审视破旧不堪的老建筑时，总有人投来好奇的目光，待他们知道我的来意时，便热情地给我介绍古镇的历史、人文，帮我解惑。借此感谢王店以磨刀为生的马师傅，新塍文史馆的管理员叔叔，新市文史馆的徐富忠老师，新市地方文化研究中心的韦秀程老师，特别感谢徐福忠老师、韦秀程老师无私奉献的资料。第四，感谢我亲爱的朋友给予的精神鼓励。感谢我的学生陈俊男、任冬巧、张瑜帮我拍摄的建筑照片；感谢同事赵斌老师为本书提供的皖南建筑图片。最后，必须感谢我的家人。因为节假日要外出调研，犬子不得不托付给我的父母，有时候我先生放心不下，当我奔赴湖州地区的几座古镇调研时，基本都是在他的陪伴之下。同时，委屈了我儿启玄，我没能每个周末陪他，心表愧疚。至本书付梓之际，衷心感谢各位在调研过程中给予的极大帮助和支持。

因受专业水平的限制，本书在建筑技术方面并未做太多研究，而是偏重于建筑空间、建筑艺术与文化。由于知识浅薄，本书还存在着许多不足之处，可能某些地方尚存谬误，敬请各位专家学者不吝赐教。